本书为国家自然科学基金青年科学基金项目(71301102)研究成果

网上创新外包环境下研发人员胜任力研究

Competence of Research and Development Personnel under the Online Innovation Outsourcing

刘景方　著

内容提要

本书利用胜任力相关理论，针对网上创新外包这种特殊环境，对研发人员的胜任力展开科学系统的研究。全书基于实证调查数据，以心理学、管理学、组织行为学、工程学和胜任力理论为依托，利用统计分析方法，开展网上创新外包研发人员胜任力的研究，以期探寻、分析研发人员胜任力模型及其与绩效的关系，进而有效地解决研发人员存在的问题。

图书在版编目(CIP)数据

网上创新外包环境下研发人员胜任力研究 / 刘景方著.
—上海：上海交通大学出版社，2016
ISBN 978-7-313-16119-2

Ⅰ.①网… Ⅱ.①刘… Ⅲ.①科研人员-科研能力-研究
Ⅳ.①G316

中国版本图书馆 CIP 数据核字(2016) 第 268622 号

网上创新外包环境下研发人员胜任力研究

著　　者：刘景方
出版发行：上海交通大学出版社　　地　　址：上海市番禺路 951 号
邮政编码：200030　　电　　话：021-64071208
出 版 人：郑益慧
印　　刷：上海春秋印刷厂　　经　　销：全国新华书店
开　　本：710mm×1000mm　1/16　　印　　张：12
字　　数：195 千字
版　　次：2016 年 11 月第 1 版　　印　　次：2016 年 11 月第 1 次印刷
书　　号：ISBN 978-7-313-16119-2/G
定　　价：42.00 元

前　言

信息通信技术尤其是网络技术的发展加速了创新扩散，传统创新活动的组织边界也随之“融化”，以生产者为中心的创新模式正在向以用户为中心的创新模式转变，创新正在经历从生产范式向服务范式转变的过程，正在经历一个以需求为中心、以互联网为舞台的网上创新外包的进程。网上创新外包作为一种新兴模式，受到了众多企业家和学者的关注，网上创新外包的效益和研发人员的数量正在快速增长。在网上创新外包环境下，作为创新主体的研发人员通过任务竞争获得报酬。但是，由于网上创新外包环境的复杂性和特殊性，创新任务竞争日益激烈，研发人员又不清楚完成任务并赢得奖金需要具备哪些能力，以及哪些能力会对绩效产生影响，因此，导致研发人员过度竞争，找不到能力提升的方向，也不清楚绩效差异的原因。胜任力研究为解决以上问题提供了有效的思路，因此，研究网上创新外包环境下研发人员胜任力的特征、驱动机理、模型，探寻胜任力与绩效之间的关系显得尤为重要。

本书利用胜任力相关理论，针对网上创新外包这种特殊环境，对研发人员的胜任力展开科学系统的研究。全书基于实证调查数据，以心理学、管理学、组织行为学、工程学和胜任力理论为依托，利用统计分析方法，开展网上创新外包研发人员胜任力的研究，以期探寻、分析研发人员胜任力模型及其与绩效的关系，进而有效地解决以上研发人员存在的问题。具体的研究内容包括以下几方面：

第1章——绪论。指出研究问题的社会背景，阐述研究意义，设计研究思路，指出研究内容、研究框架和研究方法，进而阐明创新之处。

第2章——相关理论研究综述。本章首先对网上创新外包的研究成果进行综述，通过查阅大量文献，从网上创新外包的概念进行解析，对于网上创新外包的起因、发展、研究现状进行综述；然后从胜任力的概念解析、对胜任力的研究理论与实践、胜任力的研究方法、检验方法等方面综述，从而为本书的后续研究奠定了坚实的理论基础。

第3章——网上创新外包环境下研发人员胜任力模型机理分析。本章首先阐述了网上创新外包的产生原因及特点，接着分析了网上创新外包研发人员的角色定位和工作特征，进而分析了研发人员胜任力结构的影响因素、影响机制、内容构成和驱动机理。在此基础上，提出网上创新外包环境下研发人员胜任力模型的前提假设。

第4章——网上创新外包环境下的研发人员胜任力模型构建。在对网上创新外包研发人员进行任务分析的基础上，查阅大量文献资料，利用关键事件访谈提取研发人员胜任特征和每个胜任特征下的行为描述，编写和建立初步的胜任力词条，获得初步胜任力概念框架和基于行为描述的胜任力测量问卷。利用初始问卷调查收集数据，通过探索性因子分析初始问卷，得出胜任力特征。同时，通过结合心理学理论、管理学理论、组织行为学理论、工程学理论的分析以及文献回顾，得到网上创新外包研发人员胜任力模型的理论框架。基于胜任力模型理论框架和探索性因子分析结果的一致性，构建网上创新外包环境下研发人员胜任力模型，该模型包含6个维度18个胜任特征。

第5章——网上创新外包环境下的研发人员胜任力模型验证。根据胜任力模型编制正式的调查问卷，通过正式的问卷调查收集数据，通过信度检验和效度检验来检验问卷的稳定性和准确性，通过对结构方程模型基本原理的分析，决定选择结构方程模型作为研究方法，通过验证性因子分析对网上创新外包研发人员胜任力的多因素斜交模型、二阶模型进行了检验，结果显示上述模型各类拟合指标均在可接受水平之上，表示数据与模型拟合较好，证实网上创新外包研发人员胜任力模型的确包含6个维度18个胜任特征。

第6章——网上创新外包环境下研发人员胜任力与绩效的关系研究。通过总结文献资料和调查研究分析，提出网上创新外包研发人员的绩效结构，并通过探索性因子分析建立绩效模型，根据问卷调查数据进行结构方程模型计算，验证了网上创新外包研发人员的绩效模型。通过建立胜任力——绩效的二阶因子模型，验证了网上创新外包研发人员胜任力与绩效之间的影响关系。通过对于胜任力—绩效的一阶因子模型拟合表明，胜任力的六个一阶因子与绩效的两个一阶因子之间具有不同程度的影响。

第7章——网上创新外包研发人员胜任力多层次综合评价。针对网上创新外包研发人员胜任力评价过程中富含不确定因素、评价信息不确切和不完全、评价过程难以用精确数值表达、易受主观偏好影响的现实问题，同时为了充分利用客观评价信息和专家评价信息的模糊性和灰性，提出一个将层次分析法、灰色系统理论和模糊评价法综合集成的多层次综合评价方法。通过具体的应用表明，该评价方法切实可行，能够使得网上创新外包研发人员的胜任力评价更为科学、更为有效。最后给出网上创新外包研发人员胜任力改进策略。

第8章——总结与展望。总结当前研究的结论和其存在的不足，并对未来研究进行展望。

感谢邹平教授和张朋柱教授对于本研究的大力支持。

欢迎读者对本书不足之处批评指正，不断推进网上创新外包的研究和实践。

目　录

第 1 章

绪　论

在现代社会，创新是企业竞争优势的主要来源。为了能够生存发展，企业必须不断地创新。而企业高昂的创新投入却往往不能取得满意的效果。在所有开支中，研发经费是目前全额最庞大的一个项目。如何降低研究开发成本、提高企业创新能力已成为许多企业经营管理人员急需解决的问题。

1.1　研究背景与研究意义

1.1.1　研究背景

随着人类社会的发展和进步，教育普及程度大大提高，专业教育比例不断提升。在很多行业，专业技术人员日益增多，流动性增大，为企业破解上述难题提供了有利的外部环境，企业可利用外部创新力量来实现产品与技术的创新。

美国加州大学伯克利分校 Henry Chesbrough 教授在 2003 年指出，企业应该充分利用外部的知识和创新资源，实施开放式创新，将外部的技术、知识和内部的研发联系在一起，采用创新外包或研发外包等新的商务模式，整合外部创新资源，降低研发成本，提高研发速度，以期用最小的成本和最短的时间实现最大化的创新价值，进而获得最大化的收益。

当前，我国在校大学生和研究生规模已超千万，每年有近百万的应届大学毕业生难以找到合适的工作，社会上还有上千万的退休工程师和科技人员，部分在职专业技术人员也有一些空闲时间和精力，这些宝贵的人力资源急需找到释放的出口，让他们有机会为社会发展贡献自己的力量；另一方面，吸纳全社会 80%就业人口的中小企业，由于招聘创新研发人员的条件不足，造成企业内部创新研发人员的短缺，失去许多发展壮大的机遇，中小企业迫切需要改善研发人员使用方式，实现创新驱动的高附加值发展模式。

随着通信基础设施和网络信息技术的迅速发展，依托网络环境的创新外包模式正在迅速发展，由于互联网具有覆盖面广、信息量大、无地域限制、交流沟通快捷方便且成本低廉等优势，使得过去只能面向专业机构的创新外包可以通过互联网扩展到全社会，让全社会的研发人员都能参与市场需要的创新。国内外众多的网上创新外包服务平台如雨后春笋般地迅速发展。例如，专注于技术知识创新的InnoCentive.com、NineSigma.com 和 InnovationExchange.com，专注于软件产品定制的 TopCoder.com，等等。其中最知名的 InnoCentive.com 网站聚集了上百家跨国企业和数十万名潜在的创新研发人员，所发布的创新任务涉及物理、化学、生物、计算机等多个领域，许多企业通过 InnoCentive 解决了在其内部无法解决的创新难题。在我国，则有任务中国、猪八戒网、K68 等提供网上创新外包服务的威客网站。在这些网上创新外包网站中，其中的研发人员被称为威客。威客的英文 Witkey 是由 wit（智慧）和 key（钥匙）两个单词组成，也是 The key of wisdom 的缩写，是指那些通过互联网把自己的智慧、知识、能力、经验转换成实际收益的人，他们在互联网上通过处理科学、生活、学习中的问题，从而让知识、智慧、经验、技能体现其经济价值。

2010 年 11 月 18 日，首届全球威客大会在重庆召开。大会上，艾瑞咨询集团发布《2010 年中国威客行业白皮书》。白皮书指出，目前国内有 100 多家威客网站，注册会员有 2 000 多万人，整体业务金额超 3 亿元，国内威客人数直线上升，业务额连续 5 年呈高速增长态势。据白皮书数据显示，威客平台的研发人员教育程度以大学本科为主，占比达 63.94%，大学专科占比 21.38%，博士和硕士研究生接近 10%，高中和中专以下学历仅占 3.12%。高素质、高文化水平、高专业技能的研发人员成为威客平台参与任务的生力军。白皮书指出，威客平台的研发人员以固定职业者为主，占比达 91.3%，自由职业者占比达 4.8%，学生占比达 3.7%。研究发现，研发人员个人月收入（指的是全部收入，不仅仅指在威客上获得的收入）低于 2 000的只占了 12.4%，超过 2 000 元的占了 87.6%，其中收入在 5 000 元以上的约有 26%。高素质高水平的研发人员是威客模式良好运营的保障。

基于网络的创新外包目前有两种形式：一种是事先明确指定创新任务接包方的招投标模式；另一种是事先不定创新任务接包方的悬赏模式。后者又称为威客模式或众包模式。在众包模式下，企业可以将自己的创新任务通过创新外包网络平台发布，同时提供一定的资金来招募研发人员解决企业难题。创新研发人员则在网络平台上寻找适合自己的创新任务，创作完成并提交知识成果后，如获得发包方认可，就有机会获得一定的报酬。

尽管网上创新外包作为新兴的开放式创新方法，受到了众多企业家和学者们的共同期待，网上创新外包网站的效益和研发人员快速增长，但在其发展过程中也遇到了许多问题。其中最为突出的障碍表现在以下三个方面。

1）绩效差异显著，绩效差异原因不明

大量研发人员反映，尽管拥有相似的知识背景，参与相似任务的竞争和承接，然而最终的绩效差异却非常显著。

研发人员不清楚哪些因素会导致任务绩效出现差异，哪些能力对于任务的绩效起到关键作用，如何帮助研发人员弄清楚影响绩效的能力因素进而提高绩效，是网上创新外包模式亟需解决的问题。

2）选择任务无参考，导致研发人员过度竞争

现有的创新外包服务平台，多采用任务发布方驱动的众包模式——悬赏模式，即企业先给出任务和奖金，然后参与竞争的研发人员分别来完成任务，企业认为完成得最好的人得到奖金。在这种模式下，企业尽管可以有更多的机会从参与者提交的方案中进行挑选，在很大程度上保证了任务发布方的利益，但对于参与创新的研发人员来说可能就面临过度竞争的局面，这种残酷的竞争模式严重挫伤了大量创新研发人员继续参与的积极性。同时，对于参与任务解决的研发人员来说，由于过度竞争导致收益的不确定性，研发人员不可能花费足够的时间与精力完成高水平的方案创作，因而无法很好地满足企业的需求，这也成为网上创新外包可持续发展的又一障碍。

大量研发人员盲目参与任务竞争的原因在于，不清楚在网上创新外包环境下完成任务需要哪些能力素质？反之，如果在弄清楚网上创新外包环境下研发人员所需的能力特征后，研发人员就可以根据自身当前的能力水平，有选择地参加适合自己的某种规模和难度的创新任务。这样不仅能够减少大量研发人员的无效劳动，也使双方的权益都得到良好的保障。

3）研发人员发展无方向

当传统外包模式转变为网上创新外包模式，整个外包环境和外包理念都发生了重大的变革，研发人员也要适应这种变革，积极发展和提高自身能力素质，研发人员能力的提升将对网上创新外包的发展起到举足轻重的作用。

由于不清楚网上创新外包模式所需的能力素质，导致研发人员发展难。反之，如果研发人员了解网上创新外包业务的能力需求，在明确自身当前能力状况和目标任务能力需求之间差异的基础上，就可以找到能力差距，进而确定研发人员的发展方向。

胜任力研究为解决以上问题提供了一个有效的工具，迫切需要研究网上创新外包环境下的研发人员胜任力，开发研发人员胜任力模型，探寻研发人员胜任特征和任务完成绩效之间的关系，为研发人员提供网上创新外包环境下所需的胜任特征，进而使得研发人员了解自己的差距，方便选择适合自身的任务，并有助于找到研发人员发展的方向。

胜任力来自于拉丁语 Competence，国内多翻译为胜任力、胜任特征等。1911年，泰罗（F.W.Taylor）指出，对于绩效优异和绩效一般的工人，他们在完成工作的过程中存在很大的差异，泰罗建议区分和界定不同绩效工人的胜任力要素，进而通过系统的培训来提高工人的胜任力。1973 年，由哈佛大学戴维·麦克利兰（D. McClelland）教授提出，以胜任力为基础的能力研究，采用科学的实证而非简单的归纳法研究能力，从而找到直接影响工作业绩的个人条件和行为特征，并将这些特征定义为胜任特征。自此以后，学术界对胜任力的研究便逐渐增多，研究共识集中在以下三点：①胜任力与工作情境相关；②胜任力与工作绩效密切相关，可以预测个体未来的工作绩效；③胜任力要素的构成与权重随工作和环境的变化而变化。

纵观国内外对于胜任力的研究，取得了大量的成果，其研究内容主要集中在胜任力的界定，胜任力的分类和胜任力模型。并建立了诸如中小学校长胜任力模型、企业家胜任力模型、研发人员胜任力模型、项目经理胜任力模型，等等。对于不同行业、不同环境、不同职能的研究对象，所要求的胜任力是有很大差异的。当前对于网上创新外包环境下研发人员胜任力模型的研究还处于空白阶段。由于网上创新外包是伴随着互联网而发展的新生事物，如何通过胜任力的研究，来发掘影响研发人员任务绩效的关键因素，从而提高研发人员的经济收入，促进网上创新外包中研发人员的发展，是当前的重要研究问题。鉴于此，本书将关注网上创新外包环境下研发人员的现状，开发研发人员胜任力模型，探讨胜任力模型与绩效的关系。网上创新外包环境下研发人员胜任力模型的研究既有理论价值，又有现实意义。

1.1.2 研究意义

1）理论意义

第一，构建网上创新外包环境下研发人员胜任力模型。为了有助于网上创新外包的研究和发展，高效地使用人力资源，本书在总结国内外胜任力理论研究的基础上，重点分析在网上创新外包的特殊环境下研发人员的能力特征，并进行研发人员胜任力模型的开发和检验，丰富并补充这一领域的研究成果，为研发人员胜任力的提升提供切实可行的依据。通过整合管理学理论、胜任力理论、心理学理论、统计学理论的研究方法，建立了研发人员胜任力模型。

第二，探索网上创新外包中研发人员胜任力对绩效的作用机制。为了准确理解网上创新外包中研发人员胜任力对绩效的作用机制，通过文献总结和调查研究，本书分析了研发人员的关键绩效指标体系，然后通过定量分析来考察胜任力特征与绩效指标之间的关系。由此，本研究为提高研发人员绩效提供了一种新的思路，即从胜任力的视角来探索胜任力对绩效的影响作用，丰富了原有的理论体系。

第三，网上创新外包环境下研发人员胜任力的行业研究对于完善人力资本市场理论具有重大意义。截至 2010 年，网上创新外包网站注册会员超过 2 000 万人，整体业务金额超 3 亿元，业务额连续 5 年呈高速增长态势。随着网上创新外包产业的快速发展，在创造了大量物质资本的同时，也培养和带动了大批从事该产业的研发人员，对这种环境下研发人员胜任力的研究是在市场经济规律和人力资本运营规律的基础上，对人力资本市场理论研究的进一步延伸。

2）实践意义

网上创新外包是网络经济环境下的一种新型的创新外包方式，正在快速地影响着社会经济与人们的生活。与传统的创新外包相比，网上创新外包具有开放性、高效性、可持续性以及边际效益递增性等特征，在获得了高速发展的同时，更为社会创造了巨大的财富。但是现有的网上创新外包存在绩效差异原因不明、研发人员发展无方向、选择任务无参考的现状，胜任力研究为解决以上问题提供了一个有效的工具，迫切需要研究网上创新外包环境下的研发人员胜任力，开发研发人员胜任力模型，探寻胜任力模型与任务完成绩效之间的关系，用以从研发人员胜任力的视角探寻、分析并有助于解决网上创新外包中的研发人员问题。

第一，为网上创新外包环境的研发人员评价提供依据。网上创新外包的主体是研发人员，科学高效的研发人员评价对于研发人员的发展壮大，乃至网上创新外包的发展都是至关重要的。本书构建的胜任力模型可以为研发人员评价提供依据和基础。

第二，有利于研发人员的发展。在网上创新外包环境下，研发人员可以依据胜任力模型作为工作的准则，找出自身同优异绩效者之间的差异，充分挖掘自己的潜能，从而达到自我了解、自我设计、自我开发与成长的目的。

第三，有助于研发人员合理选择任务。不同规模、不同难度的任务对研发人员的胜任力要求有所不同，将网上创新外包研发人员胜任力模型作为参考指标，根据自身当前的能力水平，有选择地参加适合自身的创新任务，既可以避免研发人员过度竞争和人力资源浪费，更有助于提高创新外包任务的成功率。

网上创新外包是一种新型的外包模式，研发人员的数量和外包效益正在快速地增长，研发人员作为这种模式下接包方的主体，系统、深入地对研发人员胜任力进行研究，可以丰富胜任力研究领域的理论体系，为开展研发人员胜任力建设奠定理论基础，并且能够更好地指导网上创新外包实践。

1.2 研究思路与研究内容

1.2.1 研究思路

前人研究发现通用胜任力模型不一定具有很好的适用性。不同的工作性质、工作内容、工作环境需要不同的胜任力。Jacobs 就对 Boyatzis 提出的胜任力通用模型提出了质疑，通用的胜任力模型太普遍、太抽象，限制了发展胜任力的价值。针对特定层级和特定工作环境来开发胜任力模型才具有实用价值。针对网上创新外包环境下研发人员胜任力模型的研究，目前还处于起步阶段，没有成熟的、得到广泛认同的模型。为此，本书以网上创新外包环境下研发人员胜任力模型开发为核心内容，具体的研究思路如下。

(1) 文献研究。在阅读大量文献的基础上，针对本领域研究成果中涉及的方面，围绕问题需求进行系统的资料收集。在阅读了近 400 篇中外文献后，通过文献回顾确定需要解决的关键问题和本书的主要内容，从分析文献中奠定理论基础，在了解相关研究背景和前期研究工作的基础上，探寻研究方向，确定研究主题和研究变量，完成研究设计。

(2) 从绩优者的关键事件访谈的基础上进行调查问卷的设计。对事件访谈文本进行内容分析，从中找出影响绩效表现的关键性因素；同时参照国内外成熟使用的胜任力量表，使用文献分析、专家咨询等方法，形成初始的网上创新外包研发人员胜任力量表，通过小样本探索性分析得出胜任特征。同时，通过结合心理学理论、管理学理论、组织行为学理论、工程学理论的分析以及文献回顾，得到网上创新外包研发人员胜任力模型的理论框架。基于胜任力模型的理论框架和探索性因子分析结果，构建胜任力模型。

(3) 对构建的胜任力模型进行验证。开发研发人员胜任力正式问卷,对研究假设进行实证分析验证,分析模型构成因素,验证胜任力模型结构。

(4) 通过总结文献资料和调查研究分析,提出网上创新外包研发人员的绩效结构,并根据探索性因子分析结果和文献回顾,结合网上创新外包研发人员工作的实际情况,建立绩效模型,根据问卷调查数据进行结构方程模型计算,验证了网上创新外包研发人员绩效模型。通过建立胜任力——绩效的二阶因子模型,验证了网上创新外包研发人员胜任力与绩效存在正向影响;通过对胜任力—绩效的一阶因子模型的拟合,验证了胜任力的六个一阶因子与绩效的两个一阶因子之间具有不同程度的影响。

(5) 针对网上创新外包环境的特点,提出一个用于研发人员胜任力评价多层次综合评价方法,通过具体的应用表明,该评价方法切实可行。

(6) 总结研究成果,得出研究结论,总结当前研究中存在的不足,并对未来研究进行展望。

1.2.2 研究内容

研究设计旨在确立网上创新外包环境下的研发人员的胜任特征力模型结构,并分别对胜任力模型的组成部分、各部分之间的关系、胜任力与绩效的关系进行探讨。具体研究内容包括以下几方面:

第1章——绪论。从社会背景中提出研究问题,阐述研究意义,设计研究思路,指出研究内容、研究框架和研究方法,进而阐明创新之处。

第2章——相关理论研究综述。本章首先对网上创新外包的研究成果进行综述,通过查阅大量的文献,从网上创新外包的概念进行解析,对于网上创新外包的起因、发展、研究现状进行综述;然后从胜任力的概念解析、对胜任力的研究理论与实践、胜任力的研究方法、检验方法等方面综述,从而为本书的后续研究奠定了坚实的理论基础。

第3章——网上创新外包环境下研发人员胜任力模型机理分析。本章首先阐述了网上创新外包的产生原因及特点,接着分析了网上创新外包研发人员的角色定位和工作特征,进而分析了研发人员胜任力结构的影响因素、影响机制、内容构成和驱动机理。在此基础上,提出网上创新外包环境下研发人员胜任力模型的前提假设。

第4章——网上创新外包环境下的研发人员胜任力模型构建。在对网上创新外包研发人员进行任务分析的基础上,查阅大量文献资料,利用关键事件访谈提取研发人员胜任特征和每个胜任特征下的行为描述,编写和建立初步的胜任力词条,获得初步胜任力概念框架和基于行为描述的胜任力测量问卷。利用初始问卷调查收集数据,通过探索性因子分析初始问卷,得出胜任力特征。同时,通过结合心理学理论、管理学理论、组织行为学理论、工程学理论的分析以及文献回顾，得到网上创新外包研发人员胜任力模型的理论框架。基于胜任力模型理论框架和探索性因子分析结果的一致性，构建网上创新外包环境下研发人员胜任力模型，该模型包含6个维度18个胜任特征。

第5章——网上创新外包环境下的研发人员胜任力模型验证，根据胜任力模型编制正式的调查问卷，通过正式的问卷调查收集数据，通过信度检验和效度检验来检验问卷的稳定性和准确性，通过对结构方程模型基本原理的分析，决定选择结构方程模型作为研究方法，通过验证性因子分析对网上创新外包研发人员胜任力的多因素斜交模型、二阶模型进行了检验，结果显示上述模型各类拟合指标均在可接受水平之上，表示数据与模型拟合较好，证实网上创新外包研发人员胜任力模型的确包含6个维度18个胜任特征。

第6章——网上创新外包环境下研发人员胜任力与绩效的关系研究。通过总结文献资料和调查研究分析，提出网上创新外包研发人员的绩效结构，并通过探索性因子分析建立绩效模型，根据问卷调查数据进行结构方程模型计算，验证了网上创新外包研发人员的绩效模型。通过建立胜任力—绩效的二阶因子模型，验证了网上创新外包研发人员胜任力与绩效之间的影响关系。通过对于胜任力—绩效的一阶因子模型拟合表明，胜任力的六个一阶因子与绩效的两个一阶因子之间具有不同程度的影响。

第7章——网上创新外包研发人员胜任力多层次综合评价。针对网上创新外包研发人员胜任力评价过程中富含不确定因素、评价信息不确切和不完全、评价过程难以用精确数值表达、易受主观偏好影响的现实问题，同时为了充分利用客观评价信息和专家评价信息的模糊性和灰性，提出一个将层次分析法、灰色系统理论和模糊评价法综合集成的多层次综合评价方法。通过具体的应用表明，该评价方法切实可行，能够使得网上创新外包研发人员的胜任力评价更为科学、更为有效。最后给出网上创新外包研发人员胜任力改进策略。

第8章——总结与展望。总结当前研究的结论和其存在的不足，并对未来研究进行展望。

1.3 主体架构

本书研究的主体架构如图1.1所示。

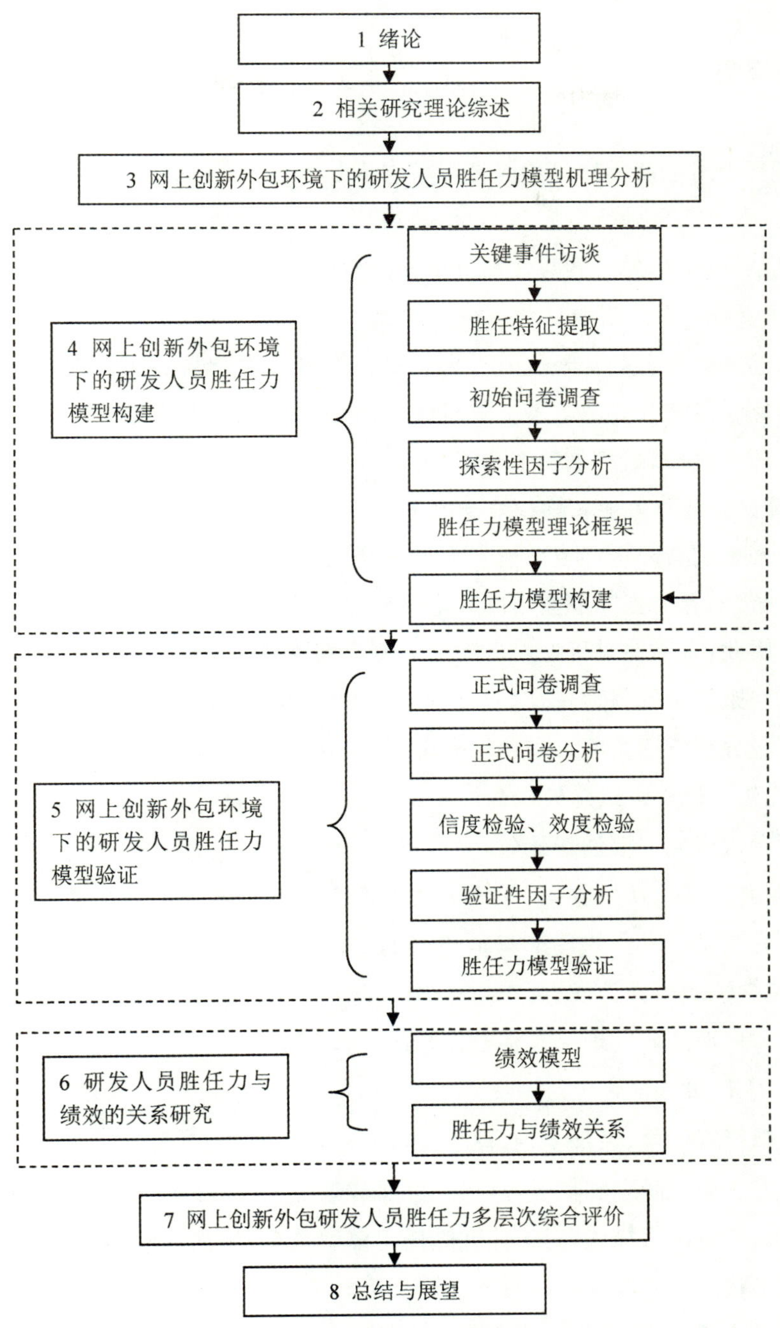

图 1.1　本书研究的主体框架

1.4 研究方法

本书基于网上创新外包环境进行研发人员胜任力模型研究，为了更好地分析研究问题，本书将多种研究方法结合，使得不同方法在研究中的相互补充、交叉使用，努力增强研究结果的客观性与科学性。

1）理论研究与应用研究相结合的方法

本书通过对网上创新外包研发人员胜任力模型设计与研究机理进行分析；采用实证研究手段来收集大量事实资料数据；通过对相关学科理论和文献的梳理，进而构建胜任力模型，最终辅助实际应用。

2）定性分析与定量分析相结合的方法

针对网上创新外包环境下研发人员胜任力，本书不仅要通过定性分析方法来做质的分析，而且要把抽象概括的理论研究成果转化为可量化的描述，以增强可操作性[1]。因此，本书在对研发人员胜任力模型机理进行定性分析的基础上，采用定量分析方法来识别胜任力特征，实现问卷的分析和评价，完成胜任力模型的检验。采用的定量分析方法主要有描述性分析、因子分析、信度和效度检验等。

3）规范分析与实证分析结合的方法

为了深入研究网上创新外包环境下研发人员的胜任力模型，笔者参阅了大量国内外的相关文献，从中收集、分析和整理资料，积累前人研究的相关成果，从而为后面的研究提供了充分的理论基础和理论支持。同时，本书在此基础上进行了实证研究，包含关键事件访谈、调查问卷、统计分析，从而使网上创新外包环境下研发人员胜任力模型的研究理论与实践很好地结合。

4）多学科相结合的研究方法

本书拟将管理学、经济学、心理学、组织行为学、统计学、系统科学中的概念、思想、框架、方法相互融合和贯通，从单一方法到系统方法的研究发展，更有利于对胜任力问题的本质进行描述，对于建立胜任力模型具有理论指导意义，对于评价当前胜任力基本状况具有实践指导意义[1]。

5）多种研究手段结合的研究方法

在本研究中，综合使用了多种研究方法，主要包含文献分析法、理论分析法、关键事件访谈法、理论分析法、问卷调查法和统计分析法。文献分析法使本研究能够充分借鉴前人的研究成果；理论分析法能够从理论上对研究问题进行论证分析，使研究更具科学性和严谨性；关键事件访谈法能够从细节上对事件进行分析；访谈内容将作为问卷设计的依据；问卷调查法可以扩大研究范围，便于对问题进行整理、统计、分析，使研究更具代表性；统计分析法从看似毫无规律的数据信息中找出所研究对象的内在规律[1]。本书将运用SPSS和LISREL等统计软件包对研究所得的数据进行处理，主要运用描述性统计、信度分析、探索性因素分析、验证性因素分析、效度分析、结构方程模型等统计分析方法。

1.5 主要创新点

第一，针对网上创新外包这种特殊环境，构建并验证了研发人员胜任力模型。

传统的胜任力模型都是在不同环境背景下构建的，当前还没有学者针对网上创新外包这种特殊环境开发研发人员胜任力模型。本书从两个视角构建胜任力模型：一个是基于关键事件访谈和探索性因子分析等实证分析方法得出初步的研发人员胜任力模型；另一个是从理论分析的角度来探寻并构建研发人员胜任力模型的理论框架。将实证与理论两种研究方法相结合，基于系统的研究逻辑体系，构建了网上创新外包环境下研发人员胜任力模型。本书以正式问卷数据为基础，通过验证性因子分析对研发人员胜任力的多因素斜交模型、二阶模型进行检验，结果显示数据与模型拟合较好，进而验证了网上创新外包研发人员胜任力模型。该模型的研究是对人力资本市场理论和胜任力理论的丰富和补充。

第二，构建了网上创新外包研发人员胜任力对绩效的影响机制模型。

以往对于网上创新外包研发人员绩效的研究，着重于从博弈论、机制设计、行为模式和影响因素的角度来研究。本书将胜任力理论引入研发人员绩效研究中，提出网上创新外包研发人员绩效模型，并利用结构方程模型对该模型进行了验证。在此基础上，进一步建立了胜任力—绩效模型，验证了研发人员胜任力对绩效存在正向影响。通过对研发人员胜任力的六个维度与绩效的两个维度的因果关系进行检验后发现，不同胜任力维度对绩效各个维度的影响程度不同。这一研究成果为网上创新外包研发人员绩效研究建立了一个全新模式，为更好地提升研发人员的绩效提供了切实可行的思路。

1.6 本章小结

随着通信基础设施和网络信息技术的迅速发展,依托于网络环境的网上创新外包模式正在迅速发展,由于互联网具有覆盖面广、信息量大、无地域限制、交流沟通快捷且成本低廉等优势,使得过去只能面向专业机构的创新外包可以通过互联网扩展到全社会,让全社会的研发人员都能参与市场需要的创新。尽管网上创新外包作为新兴的开放式创新方法,受到了众多企业家和学者们的共同期待,网上创新外包网站的效益和研发人员快速增长,但在其发展过程中也遇到了三个问题:研发人员绩效差异显著,却找不到原因;选择任务无参考,导致研发人员过度竞争;研发人员发展无方向。胜任力研究为解决以上问题提供了一个有效的工具,迫切需要研究网上创新外包环境下的研发人员胜任力,开发研发人员胜任力模型,探寻研发人员胜任特征和任务完成绩效之间的关系,为研发人员提供网上创新外包环境下所需的胜任特征,进而使得研发人员了解自己的差距,方便选择适合自身的任务,并有助于研发人员找到发展的方向。

本研究的理论意义主要体现在构建网上创新外包环境下研发人员胜任力模型,探索网上创新外包研发人员胜任力对绩效的作用机制,同时对于完善人力资本市场理论具有重大意义。本研究的实践意义在于为网上创新外包环境的研发人员评价提供依据,有利于研发人员的发展,并有助于研发人员合理地选择任务。

本书的研究内容包括相关研究理论综述、网上创新外包环境下研发人员胜任力模型机理分析、网上创新外包环境下的研发人员胜任力模型构建、网上创新外包环境下的研发人员胜任力模型验证、网上创新外包环境下研发人员胜任力与绩效的关系研究、网上创新外包研发人员胜任力评价的原则与指标体系构建。

本书采用理论研究与应用研究结合、定性分析与定量分析结合、规范分析与实证分析结合、多学科结合、多研究手段结合等的研究方法。

本书主要创新点在于针对网上创新外包这种特殊环境构建并验证了研发人员胜任力模型和研发人员胜任力对绩效的影响机制模型。

第 2 章

相关理论研究综述

本章针对网上创新外包的研究成果进行综述，通过查阅大量文献，从网上创新外包的概念进行解析，对网上创新外包的起因、发展、研究现状进行综述；从胜任力的概念解析、对胜任力的研究理论与实践、检验方法等进行综述，为本书后续研究奠定了坚实的理论基础。

2.1 创新

创新(Innovation)一词源于拉丁语，原意包含三个方面：更新、创造新的东西、改变，创新就是利用已存在的自然资源创造新事物的一种手段[2]。

创新理论可追溯到 1912 年美国哈佛大学教授熊彼特的《经济发展概论》[3]。熊彼特将创新称作是"建立一种新的生产函数"，也就是说把一种从来没有过的关于生产要素和生产条件的"新组合"引入生产系统。这种新组合包括五个方面：①引进一种新产品或提供一种产品的新质量；②采用一种新的生产方法；③开辟一个新市场；④获得一种原材料或半成品的新的供给来源；⑤实行一种新的企业组织形式[4]。

在熊彼特对于"创新"概念的观点中，创新包括各种可提高资源配置效率的新活动，涵盖整个企业技术、生产、管理的全过程，既包括产品创新、生产技术创新，又包括市场创新和组织制度创新；创新是间断地出现，"创造性破坏"旧组合，实现经济发展；创新可以被其他企业模仿，纷纷仿效而一时风起云涌，形成高潮，由此推动整个经济周期性发展，但随着仿效者增多，原有创新的利润将逐渐消失，促使新的创新出现。

管理学家德鲁克(P.Druck)认为,创新可以被认为是“使人力和物质资源拥有新的更大的物质生产能力的活动”“任何改变现存物质财富,创造潜力的方式都可以被称为创新”“创新是创造一种资源”[5]。因此,按照德鲁克的观点,创新绝不仅是一项原有产品和服务的改进,而是提供一种不同的经济效用,并使经济更加有活力地、创造性地活动。

另外,其他学者也对创新给出了解释。西蒙·库兹涅茨(S.Kuznets)将创新定义为“为达到一个有用的目的而采用的一种新方法”。纳尔逊(R.Nelson)和温特(Winter)把创新看作是“现在的决策规则的变化”。英国学者阿列克·凯恩克劳斯(Alec Cairmcross)则提出泛创新论,“把创新看作凡是在事物的现有秩序中引入任何新颖的因素都包括在内。”

当前,国际上根据模式的不同对创新进行了分类,比较主流的分类有两种:一种是封闭式创新;一种是开放式创新。

2.1.1 封闭式创新

20 世纪 80 年代前的创新模式就是“封闭式创新”。在封闭式创新中,企业必须自己研发技术并生产、销售产品,企业还必须提供售后服务和财务支持。

在封闭式创新模式中,为了实现技术保密与垄断,保持竞争优势,企业投入大量的研发资金,雇用大量有创造性的科技研发人员,企业自己独立开发研究成果,通过设计制造成新产品,并通过自己的营销渠道进入市场,使之商业化,获得巨额利润。

封闭式创新模式的核心是在严格控制下,企业通过大规模资助内部实验室来开发技术,以此作为新产品来源的基础,从中获取高额的边际利润。

从 20 世纪 80 年代末开始,社会环境发生了变化,封闭式创新面临的挑战有如下方面:

(1) 随着教育的发展,知识并不是集中在少数的企业研发部门和科研单位中,大量的知识分布于社会环境中。为了更大范围地获取知识,进行高质量的创新,就必须从更为广泛的开放性渠道中获取创新,而不是仅仅局限于企业内部。

(2) 知识工作者的流动性越来越大,企业越来越难以长期拥有所需的研发人员,导致当企业进行重要的创新过程时,最适合解决某个问题的人可能位于企业之外。

(3) 风险投资的快速发展使得拥有独特技术力量的创业公司越来越多,外部技术资源的丰富性和多样性大大提高,从而使得技术市场的资源供应大大丰富。

（4）知识经济的快速发展，使得产品的生命周期缩短，导致对于创新速度的要求越来越高。为了实现创新的快速发展，需要企业内外的广泛合作。

从上述变化中可以得到，外部资源已成为企业创新的重要渠道，企业的创新模式正在从封闭式创新（Closed Innovation）走向开放式创新（Open Innovation）。

2.1.2　开放式创新

Joel West 和 Scott Gallagher 在 2006 年将“开放式创新”（Open Innovation）定义为：系统地在企业内部和外部的广泛资源中鼓励和寻找创新资源，有意识地把企业的能力和资源与外部获得的资源整合起来，并通过多种渠道开发市场机会的一种创新模式。

Henry Chesbrough 在《开放式创新——进行技术创新并从中赢利的新规则》一书中也提出开放式创新的概念[6]。他认为企业在进行创新的过程中，可以利用内部和外部两条渠道，同时建立相应的机制分享所创造价值的一部分。企业内部的创意可以通过外部渠道实现市场化。同样，外部的技术也可以被企业接受和采用。在开放式创新模式下，企业的技术创新是一个开放的、非线性的活动过程，创新可以跨越企业的传统边界，不再完全依靠自身的力量。开放的本质是外部创新资源的获取和利用。

开放式创新模式的特点归纳为：①创新环境的开放性。例如，信息和知识的传播具有高度开放性、资本市场的开放性、研发人员的高度流动性。②创新主体的开放性。开放式创新的主体不仅包括企业本身，还包括外部创新主体，如社会研发人员、科研机构等。③创新资源的开放性。外部技术、合作伙伴、竞争对手、用户都成为创新源泉。④创意开发的开放性。可以将内部创意和研发成果通过输出来获得利润回报。

综合多年的研究成果，开放式创新的研究主要包括以下几个方面。

1）开放式创新的适用性

针对开放式创新的适用领域，2002 年，Rigby & Zook 提出判断企业能否进行开放式创新的指标：创新的密度、创新的资金来源、创新的关联性、创新的通用性和市场的波动[7]。Miotti & Sachwald 认为高科技企业、创新导向型企业具有较强的开放式创新的适应性[8]。Gerybadze 通过调研发现，研发经费比例较高的领域比较适合采用开放式创新，例如制药、生物科技与保健、信息技术、通信设备与服务等[9]。Lichtenthaler & Ernst 认为企业规模与开放式创新密切正相关。管恩秀分析了企业开放式创新的动力和模式[10]。范海洲利用熵、耗散结构理论论证了企业实施开放式创新的可行性和必要性[11]。

2）商业模式创新

Henry Chesbrough 将企业开放式创新中的商业模式分为从最基础到高层次的 6 种类型，企业应努力从基础的商务模式类型向高级的商务模式转变[12]。Thomke & Hippel 认为在开放式创新中，企业不需要费心思去揣度用户的需求，应该由用户自行设计和开发产品，创新范围包括从产品的细小改动到重大创新[13]。Han van der Meer 认为开放式创新有助于将知识或特定的专业技能成功商业化[14]。

3）知识产权管理

Henry Chesbrough 通过实证研究发现，在开放式创新中，随着知识快速扩散，企业可能面临丧失技术所有权的风险[15]。Fitzgerald 通过案例研究发现，企业在技术外包过程中面临知识产权被偷窃的风险[16]。Cieri 研究了在知识产权交付给特定企业使用时，如何降低知识产权的流失风险[17]。杨武从利益机制的角度研究了开放式创新的知识产权管理问题[18]。唐方成、仝允桓从企业知识产权保护影响因素的视角，提出了企业进行知识产权管理的商业模式，探索如何进行知识产权评估[19]。胡承浩、金明浩认为，在开放式创新模式下，知识产权战略模式应包括知识产权许可、知识产权联盟、知识产权转让、收购和剥离、知识产权合作研发和知识产权免费开放[20]。韩霞、白雪指出，企业开放式创新的高效运行和创新效率的提高与企业研发的知识产权管理模式有关[21]。

4）创新资源研究

开放式创新的本质是创新资源的高效整合。张震宇、陈劲分析了创新资源管理体系的搜索获取、整合利用、保持流动与更新机制[22]。陈劲、陈钰芬认为，开放式创新体系必须吸纳更多的创新资源，形成以创新利益相关者为基准的多主体创新模式[23]。王圆圆、周明也指出开放式创新是各种创新要素互动、整合、协同的动态过程，这就需要企业与所有利益相关者建立密切联系，这些利益相关者包括全体员工、顾客、全球资源提供者、竞争对手、供应商、经销商、风险投资机构、知识产权管理部门等[24]。

2.2　网上创新外包

开放式创新的本质在于创新资源的融合与集成，企业从外部环境（顾客、竞争对手、供应商、科研机构等)获取创新资源,同时将内部的知识和创意通过外部渠道实现市场化。除了顾客、科研机构等传统的创新渠道,以互联网为平台的网上创新外包已经成为一种新的开放式创新模式,并受到企业界和学术界越来越多的关注。网上创新外包的流程为:在互联网的环境下,企业方在网上创新外包平台上发布任务并给出相应的奖励金额,感兴趣的研发人员根据自身能力,按照要求完成任务,提交解决方案到网上创新外包平台,企业方评价解决方案后,对于完成最佳方案的研发人员发放奖金。

互联网具有传播范围广、开放性强的特点,与开放式创新的理念不谋而合,必将助力开放式创新的发展。网上创新外包充分利用互联网的优势,使得企业发布的创新任务可以摆脱地域和组织边界的限制,迅速地告知大规模的网上研发人员群体,充分寻求各种创新资源的参与,更重要的是企业通过多方竞赛的方式可以尽可能地得到最优的解决方案,实现在最少资源投入下最大化的创新产出。

网上创新外包包含三方参与:企业、研发人员和网络平台。企业在网络平台上发布创新任务,同时托管奖励金额到网上平台,创新任务包含任务要求、完成时间、奖励金额;研发人员在网络平台上浏览到创新任务后,根据自身能力现状,决定是否参与任务竞赛,如果决定参加任务,按照任务要求,在截止日期之前提交解决方案;由企业和网络平台对解决方案进行筛选比较,选出最优解决方案,网络平台将奖金发放给获胜的研发人员。

InnoCentive(InnoCentive.com)是美国礼来公司的子公司,其名字取自 Innovation(创新)和 Incentive(激励),成立于 2001 年。InnoCentive 是国际上公认的第一个网上创新外包平台,网上公开的科研难题已经达到数千个,世界上 125 个国家的 2.5 万名科研精英注册,许多企业通过 InnoCentive 解决了创新难题,例如,宝洁、苏威、艾利丹尼森等。创新领域包括制药业、生物科技业、农业、快消品行业、聚合物、食品业、化学品等。另外还有专注于技术创新的 NineSigma.com 和 InnovationExchange.com,以及专注于软件产品定制的 TopCoder.com 和专注于知识产品交易的 yet2.com,等等。

在我国,网上创新外包被称为“威客模式”。在这些网上创新外包网站中,将其中的研发人员称为威客,威客是指那些通过互联网把自己的智慧、知识、能力、经验转换成实际收益的人,他们在互联网上通过处理科学、技术、工作、生活、学习中的问题,从而让知识、智慧、经验、技能转化为经济价值。截至 2010 年 11 月,国内已有网上创新外包平台 100 多家,注册研发人员 2 000 多万人,创新任务总金额 3 亿多元，任务金额连续5年呈高速增长态势，出现了猪八戒网(www.zhubajie.com)、任务中国(www.taskcn.com)和威客中国(www.vikecn.com)等网上创新外包平台。

与国外网上创新外包相比时，我国网上创新外包也暴露出了两点不足：

(1) 任务种类少。当前我国网上创新外包任务类别主要为设计类、软件开发类、策划类，国外网上创新外包任务可以涵盖制药、生物科技、农业综合、日常消费产品、化学品等领域。

(2) 知识产权保护不力。在我国，存在任务发布方同时注册两个账户的现象，一个账户用来发布任务、另一个账户用来作为获胜账户，任务发布方可以通过评审解决方案的过程剽窃很多方案，最后却选择自己另外一个账户获胜，赢得奖金。同样，一些研发人员在完成任务的过程中，存在从网络等渠道非法窃取一些成果，作为解决方案参与竞赛的情况。

2.3 网上创新外包国内外研究现状

1) 任务发布方

很多学者从任务发布方的角度对网上创新外包进行了研究。N. Archak 将网上创新外包模拟为一个博弈过程，结果发现，质量较高的解决方案往往来源于小范围能力较强的研发人员，通过经济学定价理论分析，在风险中立的状态下，奖金给予提供最优解决方案的研发人员，在风险规避状态下，需要提供给研发人员更高的奖金[25]。

在网上创新外包中，对于奖励金额的设定，C. Terwiesch 和 A. Schottner 认为，当创新结果受到大量不确定因素影响时，发布任务方适宜采用固定价格策略[26]。Fullerton R. L.和 Che Y. K.认为，当创新结果受到研发人员的个人努力影响较大时，发布任务方适宜采用竞价奖励策略[27]。C. Terwiesch 认为，对于创意竞争类项目，发布任务方应根据绩效进行奖金定价[28]。

T.M. Amabile 在评价工作环境对于创新的影响的过程中，发现研发人员的创造性对于创新非常重要[29]，同时 A.M. Isen 发现丰富获取知识的材料、拓宽获取知识的广度、增强获取知识的灵活性可以提高创造性[30]。为了提高解决方案的创新性，任务发布方除了可以对解决方案进行优选之外，还可以对于多个方案进行组合用以产生更好的方案。

郑海超将发布者的欺诈行为分为多重身份欺诈和单一身份欺诈，通过问卷调研的方法发现发布者欺诈与否对于研发人员参与创新外包的影响很大，进而分析了四种不同创新外包任务最适合采用的欺诈防范机制[31]。另外，郑海超还针对发布者作弊导致的研发人员对于发布方的信任危机问题，通过实证研究证实了信任对于研发人员参与创新外包的重要性。经过对网络平台、研发人员和发布方的博弈分析，建议网络平台按照发布者感受的惩罚大小将其分为不同的群体，并制定不同的防范监督水平[32]。

从任务发布方的角度，以往研究侧重网络创新外包的奖金定价、方案创造性的提高、信任危机的解决。

2） 研发人员

研发人员作为网上创新外包的主体，许多学者也从研发人员的角度来开展研究。D. DiPalantino 将网上创新外包模拟为不完全信息状态下全支付拍卖博弈问题，通过将不同奖金额度、多种任务在一个大的社区进行展示，目的是为了捕捉网上创新外包的各种特征，研究显示在线性成本函数风险中性的情况下，参与任务的研发人员数量与奖金额成对数关系[33]。

C. R. Taylor 认为，参加的研发人员越多，激烈的竞争不但会减少研发人员的获胜概率，更会显著地降低研发人员对于该任务的付出[34]。

Y. K. Che 认为，发布任务方和研发人员的沟通成本会随着参与任务研发人员的增多而增长，通过博弈论分析认为，最优的情况是两个研发人员参加一个创新任务的竞赛[35]；J. Morgan 建议通过向研发人员收取任务参与费用的方式可以减少研发人员的过度竞争[36]，Fullerton L. F.建议采用先筛选后竞标的方式来减少研发人员的竞争[37]。C. Terwiesch 反对向研发人员收取任务参与费用，并建议研发人员通过提供多样性的解决方案来提高收益。

J. M. Leimeister 将研发人员参与网上创新任务外包竞赛的动机总结为学习、获得奖金、自我推销、社会动机[38]；K. R. Lakhani 验证了研发人员的学习动机；D. C. Brabham 利用与研发人员网上访谈的方式，论证了获得奖金、提高创新能力、找到工作、建立人脉四种动机[39]；Ebner W 也验证了获得奖金和工作是研发人员的主要动机[40]；K. R. Lakhani 通过实证研究发现，不论奖金的金额多大，研发人员的解决方案能否从众多方案中脱颖而出赢得奖金，内在动机在其中起到非常重要的作用[41]。

从研发人员行为模式分析，Jiang Y 发现，大部分的研发人员在参与几个创新任务外包竞赛后就失去了兴趣，少部分人会坚持下去，坚持下来的人中主要有两种行为：一种人会去参加金额较低、竞争较小的任务竞赛以提高获胜概率；而另一部分人会去参加金额较高、竞争激烈的任务以期望获得较高收益[42]。Yang J.通过对于在 taskcn.com 上研发人员的社会网络进行分析发现，①小部分的创新任务吸引了网站大部分的研发人员参加竞赛，结果导致大部分的研发人员没有获得奖金；②与常规不同的是，任务奖金的增加并不能大规模地吸引研发人员的参加；③对于专业性很强的任务，参加的研发人员很少。Hautz J 将珠宝类网上创新外包社区 Swarovski Enlightened 看做一个社会网络，以参与任务数、获奖任务数、任务好评度为三个指标，将研发人员分为 8 种等级[43]。

陈远红通过对问卷调查结果进行分析，在影响研发人员对网上创新外包信任的因素中，发包方对解决方案的评价是最重要的影响因素，其次是个人的信任倾向[44]。

李燕通过因子分析的方法来分析网上创新外包平台中的研发人员满意度因素，发现平台的信誉度和易用性很重要，研发人员在网站上的交流沟通与奖金收入相对不重要[45]。

从研发人员的视角，以往的研究侧重参与创新外包的研发人员数量、研发人员付出、过度竞争、参与动机、行为模式分析等方面。

3）网络平台

有一些学者从网络平台的角度来研究网上创新外包。Archak N 通过对网上创新外包平台 topcoder.com 中研发人员行为的分析，成就导向和任务金额能够显著影响最后的工程质量，高额任务必然带来剧烈的竞争，多阶段方式可以缓解激烈竞争[46]。

为了更好地服务于任务发布方和研发人员，网络平台需要通过创新流程和机制设计提高研发人员解答方案的质量，很多学者给出了不同的方法，Blohm I 和 Terwiesch C 提出的方法是创新研发人员之间的合作[47]；Piller F T 提出的方法是研发人员对于彼此的解决方案进行评价或者提出修改意见；Gullery 公司通过一个 Matlab 编程大赛验证了研发人员合作可以显著地提高解决方案的质量[48]；同时 Blohm I 也指出由于不同研发人员的创新外包动机不同，研发人员之间的合作面临困难。

鉴于解决方案评价对于最优方案评选的重要性，网络平台上应通过机制设计辅助完成最优解决方案的评选。Terwiesch C 提出两种方法相互结合来评选最优方案，一种方案是由平台研发人员对于解决方案进行简单评价，另一种是专家对于解决方案进行详细评价，两种方式相结合完成最优方案的公平评价，同时对在评价过程中选中最后解决方案的研发人员和专家给予奖励。

从网络平台的视角，以有利于网上创新外包为目标，以往的研究侧重创新流程和机制设计。

虽然有大量的学者从以上三个角度对于网上创新外包进行了很多研究，但是现有的创新外包存在研发人员评价无依据、研发人员发展无方向、选择任务无参考的问题，胜任力研究为解决以上问题提供了一个有效的工具，迫切需要研究网上创新外包环境下的研发人员胜任力，开发研发人员胜任力模型，探寻胜任力模型与任务完成绩效之间的关系，用以从研发人员胜任力的视角探寻、分析并解决网上创新外包中研发人员的问题。

2.4 胜任力模型研究综述

胜任力(Competence)是由管理学大师 McClelland 在《测量胜任力而不是智力》一文首先提出的概念[49]，McClelland 将直接影响工作业绩的个人条件和行为特征称为胜任力。McClelland 为胜任力的研究奠定了理论和技术的基础。

Competence 的中文翻译目前尚未统一，可被翻译成胜任力、素质、才能、能力等。国内对于 Competence 的翻译中，以王重鸣为代表的学者倾向于译为“胜任力”或“胜任能力”；而以时堪为代表的学者将其译为“胜任特征”或“胜任素质”。

关于胜任力的定义，至今尚未有完全一致的看法，其中美国与英国的定义有所不同[50]。美国所指的 Competence 是指“表现卓越的个人或组织所应具有的能力”；而英国的 Competence 则是指“在某种职务上，能维持最低、可接受的表现水平所应具备的能力和工作态度”。

学术界对胜任力概念的主要观点有：特征观、行为观和综合观。特征观认为，胜任力是个体的潜在特征，胜任力与工作情境、优异绩效有因果关系。特征观从发现人的特征的角度进行胜任力研究。行为观认为，胜任力是保证个体能够胜任工作的相关外显行为。行为观从人的行为来进行胜任力研究。

表 2.1　胜任力研究的不同观点

	学　者	观　　点
特征观	McClelland(1973)	胜任力是指直接影响工作业绩的个人条件和行为特征
	Boyatzis(1982)[51]	个人固有的产生满足组织环境内工作需求的行为的能力，这一能力反过来带来预期效果
	Spencer(1993)[52]	胜任力是指和参照效标（合格绩效或优秀绩效）有因果关联的个体的潜在基本特质
特征观	Boyatzis(1996)	胜任力是指影响个人在工作上表现出更高工作绩效及成果的基本关键特性
	王重鸣(2002)	胜任力是指导致高管理绩效的知识、技能、能力以及价值观、个性、动机等特征
行为观	McLagan(1980)[53]	胜任力是指足以完成主要工作结果的知识、技能与能力
	Fletcher(1992)[54]	胜任力是指履行工作中的活动并且达到既定标准的能力
	Sandberg(2000)[55]	工作中的人类胜任力并不是指所有的知识和技能，而是指那些在工作时人们所使用的知识和技能
综合观	Ledford(1995)[56]	胜任力包含三个概念：①个人特质，即个人独具的特质，包括知识、技能与行为；②可验证的，即个人所表现出的、可以确认的部分；③产生绩效的可能性，即除了现在的绩效表现，还注重未来的绩效。胜任力是个人可验证的特质，包括可能产生绩效所具备的知识、技能及行为
	Byham & Moyer(1996)[57]	胜任力是指一切与工作成败有关的行为、动机与知识

分析已有胜任力的定义，可以得到胜任力的三个特点：①环境、情景相关性，胜任力在很大程度上受到工作环境、工作情景和岗位特征的影响。②与工作绩效密切相关，或者可以认为胜任力可以预测工作绩效。③胜任力能够将绩效优秀者与绩效一般者加以区分。

从不同的视角，胜任力由不同的部分构成。①从胜任力构成要素的视角，可将胜任力分为基准性胜任力和鉴别性胜任力。②从个体的工作情境的视角，胜任力分为工作胜任力、岗位胜任力与职务胜任力[58]。③从胜任特征具体性的视角，将胜任力划分为元胜任力、行业通用胜任力、组织内胜任力、标准技术胜任力、行业技术胜任力、特殊技术胜任力[59]。④从胜任力归属方的视角，胜任力由两部分构成：

个体胜任力和组织胜任力。

2.4.1 胜任力模型

胜任力模型是指担任某一特定的社会角色所需要具备的胜任特征总和，它是针对特定职位表现要求组合起来的一组胜任特征。胜任力模型为某一特定组织、工作或角色提供了一个成功模型，反映了某一既定工作岗位中个体成功的所有重要的行为、技能和知识。胜任力模型是一组被确认的胜任特征，能够区分绩效优异者和绩效普通者。通常所说的“能力标准或能力指标”，就是指各项胜任特征，而这些胜任特征的组合形成了胜任力模型。

康丽指出，胜任特征模型是指担任某一特定的任务角色，所需要具备的胜任特征的总和。李明斐认为，胜任力模型是指达成某一绩效目标的一系列不同胜任力要素的组合，是一个胜任力结构[60]。黄春新认为，“胜任力模型”是指组织中特定的工作岗位所要求的、并且与高绩效相关的一系列素质，这些素质是可分级的、可测评的，通常由多项素质要素构成[61]。

胜任力模型被用作招聘和选拔、评价个体开发计划，以及个体培训和继任计划，以及其他的人力资源管理体系[62]。

胜任力模型能够描述理想员工所应该具有的特质，通常描述的是“我们应该成为”的那种状态。胜任力建模是指通过创建对胜任力的描述来识别个体胜任力结果的过程。胜任力评价是指将某一工种、职业群体、部门、行业或组织当中的个体与为此目标群体而开发的胜任力模型相比照的过程。胜任力评价的重点是“现在是怎样的”；而胜任力模型的重点则在于“应该是怎样的”。

2.4.2 胜任力模型研究成果

1）国外胜任力模型研究成果

1970 年，美国管理协会用五年时间研究了 1 800 名管理者，通过比较优秀和一般绩效者的表现，研究得到优秀的管理者所具有的五个重要的胜任力：专业知识、心智成熟、企业家成熟度、人际间成熟度、在职成熟度[63]。在五个关键的胜任力中，只有专业知识是优秀管理者和一般管理者都具有的。

1982 年，Richard Boyatzis 使用行为事件访谈和问卷调查法，对 41 个管理职位的 2 000 多名管理人员的胜任力进行了全面分析，研究发现管理者的胜任力模型包括 6 大胜任力特征：目标和行动管理、领导、人力资源管理、指导下属、关注他人、知识以及 19 个子胜任力[64]。

L.M.Spencer 与 S.M.Spencer 在 1983 年通过对 216 名企业家进行的跨文化比

较研究发现,能够区分优秀企业家与一般企业家的胜任特征有七个(分为四类):第一类是成就:主动性、捕捉机遇、坚持性、关注质量;第二类是个人成熟度:自信;第三类是控制与指导:监控;第四类是体贴他人:关系建立[65]。

Lewis 通过关键行为事件访谈和 360 度访谈,对绩效优秀和绩效一般的酒店经理进行研究,分析得到酒店经理胜任力模型,该模型包含:上进心、信息搜寻、客户服务导向、组织关怀、专业技能、诚实、洞察力、团队合作、领导力、分析思维、创新、自我控制、自信、自学、沟通交流、人际关系建立、乐观和热情等共 18 项。

Bueno & Tubbs 在 Chin, Gu and Tubbs 建立的管理者全球领导力胜任力模型的基础上,对该模型进行了检验和验证,结果发现全球领导力模型包含沟通技巧、学习动力、灵活性、开放性、尊重他人和敏感性六大因素。

Stewart 在 Eisenhardt 和 Spencer 的胜任力模型研究的基础上,通过对英国航空、英国电信公司进行调研,建立了服务行业督导的胜任力模型并进行了验证[66]。

Morrison 通过对 Barker Foods 公司销售总监行为进行分析,分析了在人力资源招聘中胜任力模型的作用[67]。

从上述文献可以发现,随着胜任力研究的深入,通用行业胜任力模型的应用性受到越来越多的质疑,近年来的胜任力模型研究逐渐转向特定岗位的胜任力模型,并通过实证研究对胜任力模型进行检验。

2) 国内胜任力模型研究成果

王重鸣、陈民科研究高层管理人员的胜任力模型,主要方法为访问调查,并运用结构方程模型等方法进行比较分析,发现了不同职位层次(总经理、副总经理)在胜任力特征上的差异,为构建不同层级的管理人员胜任力模型提供了基础[68]。

时勘和王继承研究了通信业的管理人员的胜任力模型,主要方法为访谈和内容分析。研究发现通信业管理人员的胜任力模型包括:影响力、社会责任感、调研能力、成就欲、领导驾驭能力、人际洞察能力、主动性、市场意识、自信和识人用人能力[69]。

张德、魏军采用关键事件访谈法,研究得到商业银行客户经理的胜任力模型[70]。该模型包括把握信息、拓展演示、参谋顾问、协调沟通、关系管理和自我激励六大方面。

刘学方和王重鸣通过访谈,采用因子分析得到家族企业接班人胜任力模型[71]。该模型包括:组织承诺、诚信正直、决策判断、学习沟通、自知开拓、关系管理、科学管理和专业战略 8 个因子。同时发现,组织承诺、诚信正直因子对绩效具有更显著的相关关系。

赵曙明、杜娟进行了企业经营者胜任力及测评理论研究，分析了企业经营者胜任力对选拔和任用企业经营者的重要意义[72]。

综上所述，可以看到目前国内有关胜任力的研究大多从心理学的领域出发，建立了高层管理者、中层管理者、销售人员等职业的胜任力模型，主要为通用胜任力模型，主要关注家族企业中高层、销售管理人员等岗位的胜任力研究，而对基层人员的胜任力研究较少。

2.4.3　胜任力建模研究方法

胜任力建模目的是得到产生优异绩效所应具有的胜任特征集合。常用的胜任力建模方法有行为事件访谈法（Behavior Event Interview）、评价中心法（Assessment Center）、问卷调查法（Surveys）、专家小组法（Expert Panel）、工作任务分析法（Task Analysis）、关键事件访谈法（Key Events Interviews）和胜任力特征数据库（Competence Menus and Databases）[73,74]。

表 2.2　胜任力建模研究方法比较一览表

研究方法	操作过程	优点	缺点
行为事件访谈法[75]	通过对绩效优秀组和绩效平平组进行访谈，找出导致绩效差异的关键要素，将这些关键要素作为该岗位的胜任力	有效性和可信性较高	对访谈人员要求较高，操作烦琐
评价中心法	以高层管理人员对于被研究岗位的要求为指标，建立胜任力模型，评估在岗人员	简单、实用，效度和准确度较高	易受人为因素影响
问卷调查法[76][77][78]	首先进行行为事件访谈、评价中心法、关键事件访谈法或文献分析，收集得到针对某一岗位的核心胜任力特征；然后以这些胜任力特征为基础编制调查问卷题目；最后对问卷结果进行统计分析；建立适用于某一岗位的胜任力模型	快捷便利，可信度高	要求具有一定的统计知识和行业经验，问卷的发放和回收较为烦琐
专家小组法，德尔菲法	通过专家小组的匿名讨论得到岗位胜任力特征，并建立胜任力模型	效率高	易受主观偏好影响

（续表）

研究方法	操作过程	优点	缺点
工作任务分析法	通过分析工作职责和绩效，得到胜任力模型	简单方便，成本较低	忽视个体的能力和知识
关键事件访谈法	通过对于关键事件的访谈和统计分析找出导致事例成功或失败的关键要素，这些关键要素就是这个职位相对应的胜任力	较之行为事件访谈法过程简单，操作方便，省时省力	需要结合其他方法来验证模型
胜任力特征数据库	借助计算机系统，建立胜任力的系统库	使用简单，快速、容易，可以提供初始的胜任特征表	准确性低

上述各种胜任力建模的方法各有优缺点，研究者要根据职位的具体情况，考察职位所处的环境，选择合适的一种或多种组合方法来建立胜任力模型。但是无论采用何种方法，必须保证建立的胜任力模型具有较高的信度和效度。

2.4.4 胜任力模型检验方法

为了保证胜任力模型的有效性和准确性，需要对胜任力模型进行检验，常用的检验方法有以下三种。

(1) 二次访谈法。重新选取包含优秀业绩组与普通业绩组的样本作为第二组样本，通过两组样本比对，分析验证胜任特征。

(2) 评价中心法。利用测评工具对第二组样本进行测评，分析检验第二组样本是否在胜任特征上存在显著差别。

(3) 量表法。编制量表，选取较大规模的样本进行测试，对量表结果进行分析，考察量表的结构与原有模型吻合情况[79]。

从上述三种检验方法的使用来看，以量表检验为主要应用手段。运用量表来进行胜任力模型的检验，可以采用客观精确的检验指标来进行衡量，最大化地避免主观检验的模糊性和不确定性。

信度检验主要是检验量表在度量相关变量时是否具有稳定性和一致性[80]。常用的检验信度的指标有三个：稳定性、等值性和内部一致性。其中内部一致性主要用来衡量某一测量题项与测量同一变量的其他测量题项之间的相关水平。信度系数包括 Cronbach α 系数、折半(Split-half)信度系数等。

效度就是正确性和准确性程度，即测量工具在多大程度上反映了我们想要测量的概念的真实含义[81,82,83]。效度检验是指针对某一特定的目的功能或适用范围，从不同的角度收集各方面的资料以增强量表的有效性[84,85]。效度包含两个层面：一是测量对象是否是所要测量的变量，即量表测验的是什么；二是被测量的结果是否接近真实值，即量表对所测变量的测量到什么程度。

验证性因子分析法已成为心理测量的最有力的统计分析方法[86~90]。它被用来验证量表的结构效度、检验量表中的结构能否完全解释量表中的行为特征。验证性因子分析能够用来确认代表某一维度的项目题量是否充足，是否在内容上具有较高的相符性。结构方程模型是最常用的验证性因素分析方法。该方法主要有两种用途：一是可以提出不同的假设模型，通过比较多个模型之间的优劣，以确定最佳匹配模型；二是可以进行一阶因子模型分析，探讨不同潜变量之间的结构关系。

2.5　本章小结

本章是本书的理论基础部分。本章主要从创新、封闭式创新、开放式创新、网上创新外包、胜任力、胜任力模型等理论入手，并对其进行了系统而完整的总结和评述，从而为本书的后续研究奠定了坚实的理论基础。

早在 1912 年，创新理论就产生并发展起来，先后出现了两种创新模式——封闭式创新和开放式创新。在封闭式创新中，企业必须自己研发技术并生产、销售产品，企业还必须提供售后服务和财务支持。封闭式创新模式的核心是在严格控制下，企业通过资助大规模的内部实验室来开发技术，以此作为新产品来源的基础，从中获取高额的边际利润。在开放式创新模式下，企业的技术创新是一个开放的、非线性的活动过程，创新可以跨越企业的传统边界，不再完全依靠自身的力量。开放的本质是外部创新资源的获取和利用。开放式创新的研究主要包括开放式创新的适用性、商业模式创新、知识产权管理和创新资源研究。

随着创新源泉的多样化和互联网的发展，一种新的开放式创新模式——网上创新外包发展起来，网上创新外包充分利用互联网的优势，使得企业发布的创新任务可以摆脱地域和组织边界的限制，迅速地告知大规模的网上研发人员群体，充分寻求各种创新资源的参与，更重要的是企业通过多方竞赛的方式可以尽可能地得到最优的解决方案，实现在最少资源投入下的最大化创新产出。

大量的学者从任务发布方、研发人员和网络平台三个角度对网络创新外包进行了很多研究。从任务发布方的角度，以往研究侧重于网络创新外包的奖金定价、方案创造性的提高、信任危机的解决；从研发人员的视角，以往的研究侧重参与创新外包的研发人员数量、研发人员付出、过度竞争、参与动机、行为模式分析等方面；从网络平台的视角，以有利于网上创新外包为目标，以往的研究侧重于创新流程和机制设计。

虽然有大量的学者从以上三个角度对网上创新外包进行了很多研究，但是现有的创新外包存在研发人员评价无依据、研发人员发展无方向、选择任务无参考的问题，胜任力研究为解决以上问题提供了一个有效的工具，迫切需要研究网上创新外包环境下的研发人员胜任力，开发研发人员胜任力模型，探寻胜任力模型与任务完成绩效之间的关系，用以从研发人员胜任力的视角探寻、分析并解决网上创新外包中的研发人员问题。

学术界对胜任力概念的主要观点有：特征观、行为观和综合观。特征观认为，胜任力是个体的潜在特征，胜任力与工作情境、优异绩效有因果关系。特征观从发现人的特征的角度进行胜任力研究。行为观认为，胜任力是保证个体能够胜任工作的相关外显行为。行为观从人的行为来进行胜任力研究。

胜任力模型是指担任某一特定的社会角色所需要具备的胜任特征的总和，它是针对特定职位表现要求组合起来的一组胜任特征。胜任力模型为某一特定组织、工作或角色提供了一个成功模型，反映了某一既定工作岗位中个体成功的所有重要的行为、技能和知识。胜任力模型是一组被确认的胜任特征，能够区分绩效优异者和绩效普通者。通常所说的“能力标准或能力指标”，就是指各项胜任特征，而这些胜任特征的组合形成了胜任力模型。

本章在论述胜任力的概念与构成的基础上，整理了国内外胜任力模型的研究成果，归纳了胜任力建模的研究方法，分析了行为事件访谈法、评价中心法、问卷调查法、专家小组法、工作任务分析法、关键事件访谈法、胜任力特征数据库的优点和缺点，最后评述了胜任力模型的三种检验方法：二次访谈法、评价中心法和量表法。

为了有效地解决网上创新外包环境下研发人员存在的问题，本书从胜任力的视角来研究研发人员胜任力、开发研发人员胜任力模型、探寻胜任力模型与创新外包任务绩效之间的关系。

第3章

网上创新外包环境下研发人员胜任力模型机理分析

胜任力是在一定的工作情境中表现出来的，只有针对某一具体情境建立的胜任力模型才能满足实际需要。本章将针对网上创新外包环境下这一具体情境中研发人员的胜任力模型权理从外部环境、内部环境和个体特性三方面进行机理分析。

3.1 网上创新外包产生原因与特点

3.1.1 网上创新外包产生原因

创新产生于研究领域，在应用领域扩散开来。在创新扩散领域一直居于主导地位的是罗杰斯的创新扩散理论。罗杰斯认为创新扩散受创新本身特性、传播渠道、时间和社会系统的影响，并深入分析了影响创新采纳率和扩散网络形成的诸多因素[91]。

信息通信技术尤其是网络技术的发展加快了创新扩散的速度[92]。互联网技术的发展推动了人们生活方式、工作方式、组织方式与社会形态的深刻变革，同时也推动着创新模式的变革[93]。无处不在的网络推动了知识的传递与共享，成为创新外包形成和发展的重要基础[94]。在互联网环境下，传统的社会组织及其活动边界正在“融化”[95]。每个人都成为创新的主体，以生产者为中心的创新模式正在向以用户为中心的创新模式转变，创新正在经历从生产范式向服务范式转变的过程[96]。以需求为中心、以互联网为舞台的创新模式逐渐成为主流[97]。

网上创新外包得益于互联网环境。首先，互联网的形成突破了传统的知识信息传播的实体壁垒，使得人们可以方便快捷地传播知识和信息；其次，互联网最大限度地消除了信息不对称性，更加有利于信息的获取和应用，使得创新也得以快速外包化。互联网环境有助于更广泛的创新群体在一个开放自由的平台上从事创新活动。

同时,互联网也推动了更广泛的创新需求。外部环境造就了创新主体实施创新活动的可能,也造就了更多知识与应用场合需求碰撞的机会。这样的碰撞就是创新活动最大的原动力。因此,互联网环境和创新需求两方面的因素催生了网上创新外包的蓬勃发展。

3.1.2 网上创新外包的特点

网上创新外包的流程为:在互联网环境下,企业方在网上创新外包平台上发布任务并给出相应的奖励金额,感兴趣的研发人员根据自身能力,按照要求完成任务,提交解决方案到网上创新外包平台,企业方评价解决方案后,对于完成最佳方案的研发人员发放奖金。

网上创新外包的特征主要可以概括为以下几个方面。

(1) 创新性。网上创新外包中的任务具有创新性。企业仅仅依靠内部的资源进行高成本的创新活动,已经难以适应快速发展的市场需求以及日益激烈的企业竞争。企业方希望借助外部创新资源解决创新问题,具体表现为面向非企业员工发布创新任务。创新任务的解决往往需要经过分析综合、附带高价值含量、创造新事物的过程来实现。

(2) 交易性。在网上创新外包中,研发人员通过在互联网上解决创新任务,从而让知识、智慧、经验、技能实现经济价值。网上创新外包以任务为中心,任务完成时间上有保证。发布方按需选择,自由叫价,定价机制更加灵活变通。研发人员可以根据发布方所提出的具体问题,有针对性地提出解决方案或产品,以满足发布方多样化的要求。项目规定了截止时间,且执行周期短,选择更具主动性。

(3) 知识性。研发人员作为在互联网上以自己的智力为别人解决创新任务而获取报酬的个体,必须拥有一定的知识水平,既包括已有的显性知识,也包括头脑中的隐性知识。并且能够结合任务的需求,提出具体的方案和解决方法。

(4) 互动性。网上创新外包中所有的用户都可以参与任何一个问题提出、解答和评估的全过程,它完全以用户为中心,强调了用户自由、广泛地参与和互动。它突破了以往任务发布方和研发人员之间的障碍,为用户提供了一条知识自由流通的渠道,提高了信息服务的主动性、针对性和交互性。

(5) 激励机制。在网上创新外包中,研发人员的激励方法有很多,发布方和研发人员双方都可以参与定价过程,进行双向选择。酬劳方式也不限于现金,还包括积分奖励、奖品兑换等。激励方式改变了知识共享时代的免费共享模式，将知识和能力作为一种商品来看待，在研发人员提供自己的智力解决创新任务的同时，获得一定的报酬，实现研发人员自发、自主地参与创新外包，也可以激发研发人员更多地去提升解决创新任务的能力。

(6) 开放性。在网上创新外包中，专家、学者等权威人士和精英分子已不再成为创新的主要来源，互联网使得每一个拥有特定知识和技能的人都可以参与创新外包的过程，都可以通过解决创新任务获取相应的利益。在传统创新过程中，创新任务的提出和解答一般仅对特定的人员开放，其他人员难以实时分享。而在网上创新外包平台上，绝大多数的创新任务都可以完全公开，任何人员都可以随时查看和参与。

(7) 个性化。在传统创新中，企业往往因为担心专家服务所需承担的高额成本而不得不使用千篇一律的免费知识和信息。网上创新外包的开放性使得创新来源更加广泛，创新研发人员的数量空前增长，企业不再需要担心解决方案的高额成本，便于提出自己个性化的需求，研发人员可以根据创新任务要求提出不同的解决方案，企业通过对众多方案的选择来满足自己的个性化需求。

3.2　网上创新外包研发人员胜任力影响机制

3.2.1　网上创新外包研发人员的角色定位和工作特征

网上创新外包包含三方参与：企业、研发人员和网络平台。其中，研发人员是网上创新外包过程中的创新主体，他们通过互联网把自己的能力（智慧、知识、技能、经验）转换成实际收益，他们在互联网上通过解决科学、技术、工作、生活、学习中的创新任务，从而让个体能力（智慧、知识、技能、经验）实现经济价值。

从性质上看，网上创新外包研发人员属于广义的知识工作者范畴，他们通过自己的创意、分析、判断、综合、设计给最终成果带来附加价值。网上创新外包研发人员一般具有以下几个特点：第一，网上创新外包研发人员从他们完成的任务中获得了大量的内部满足感；第二，他们的忠诚度更多的是针对自己擅长的专业领域而不是某个机构；第三，为了和专业技术发展现状保持一致，他们需要经常更新知识；第四，他们对专业技术的投入意味着他们经常需要付出更多的时间和精力；第五，他们希望在完成任务中有更多的自由度和决定权，同时也看重报酬和对方的肯定。根据以上分析，本书将网上创新外包研发人员界定为掌握和运用知识，通过自身的能力来完成创新任务，并获得相应报酬的知识工作者。

研发人员在网上创新外包中充当多个角色：① 接包方：为了取得收益，研发人员作为接包方负责在规定的时间内、按照发包方提出的要求完成外包任务。② 研发人员：根据创新任务的要求，研发人员运用自己的知识、技能、经验，通过创意、分析、判断、综合和设计完成外包任务。③ 服务者：网上创新外包本身是一个任务驱动、以发包方要求为主的活动，在任务要求的范围内，研发人员需要具有为发包方服务的“客户至上”的服务理念。④ 竞争者：在网上创新外包的过程中，多个研发人员参与同一项创新任务竞赛，研发人员通过自己的努力在众多的竞争者中脱颖而出。

研发人员在完成网上创新外包任务中的工作特征，即研发人员的行为特征，也就是研发人员的工作行为本身有关的一系列特征。具体归纳为以下五点。

(1) 外包任务创新性，挑战无时不在。网上创新外包研发人员从事的不是简单的重复性工作，而是在易变的且不完全确定的环境中依靠自己的知识与技能，充分发挥个人的智慧和灵感，创造出具有高价值的产品及成果。因此，网上创新外包研发人员的工作创新性和挑战性同时并存。

(2) 外包工作自主性，过程难以监控。网上创新外包研发人员的工作主要是思维性活动，依靠的是脑力，而非体力，不受时间和空间限制。因此外包研发人员的工作较为自主，对其行为监控无任何意义，也是不可能的，而且会起反作用。

(3) 外包成果难以衡量。研发人员在网上创新外包过程中，很大程度上依赖于自身的智力投入，其形成的成果不仅是无形的，且难以进行衡量。

(4) 外包工作技术性，往往需要外部支持协助。作为典型的知识型员工，网上创新外包研发人员的工作依靠的正是其自身精深的专业知识及专业技能。但是由于研发人员大多只是某一领域的专家，受其专业知识的限制，使得他们往往需要来自外部的技术支持和指导，通过外部协助，完成外包的创新任务。

(5) 外包任务多样性，任务项目导向。由于国内外企业竞争加剧，创新外包任务技术需求不断提升，研发人员需要通过不断地提升自己来接受技术创新任务，这些使得网上创新外包研发人员的任务项目导向和多样性特征尤为突出。

3.2.2 网上创新外包研发人员胜任力影响机制分析

由于网上创新外包环境的特殊性和研发人员的工作特征，网上创新外包研发人员应具备的胜任力结构一般包括三个层次：专业胜任力、人际胜任力和观念胜任力[1]。

专业胜任力是指运用某专业领域内的技术、知识和经验完成某种任务的能力。为了完成外包任务，对于研发人员的专业能力要求也非常高，研发人员需要独立完成相关任务，才能在激烈的竞争中处于优势地位。一般来说，专业胜任力包括专业知识、专业技能、学习能力，等等。

人际胜任力是根据任务要求理解企业需求，并能与企业不断沟通完成外包任务的能力。较好的人际胜任力有助于明确企业发布外包任务的目的和需求，获取企业的信任和认同，增进相互之间的亲和力和理解，有利于发掘新的合作。人际胜任力包含沟通能力、协调能力、理解力，等等。

观念胜任力是研发人员在面对各种任务和情况时，能够从繁杂的环境和信息中发现问题并解决问题。观念胜任力包括研发人员综合分析环境与条件的能力、应用信息的能力、分析问题的能力、做出决策的能力，等等[1]。

胜任力是在一定的工作情境中表现出来的，在不同职位、不同行业、不同文化环境中的胜任特征模型是不同的。只有针对某一具体情境建立的胜任力模型才能满足实际需要。那么，到底有哪些因素在影响着研发人员胜任特征结构呢？本书认为，影响研发人员胜任特征结构的因素包括：外部环境、内部环境和个体特性。

1）外部环境

权变理论认为，研发人员是社会大系统中的一部分，存在于一定环境中并依存于环境。而环境既能为研发人员的活动提供必要的条件，进而起推动作用，又能起制约作用，从而对研发人员的绩效产生重大影响，因此，必须根据研发人员在社会大系统中的处境和作用，采取相应的研发人员发展措施，从而保持对环境的最佳适应性[1]。这里所讲的外部环境，是指外部存在的一切客观因素和条件，是研发人员无法改变或很难改变的，这些因素和条件能够对研发人员及其活动的绩效产生影响，从而在很大程度上影响着研发人员胜任特征结构。

研究表明，影响研发人员胜任特征的外部环境因素包括政治环境、经济环境、科学技术环境以及社会文化环境，等等。随着教育日益普及，专业教育比例不断提高。在很多行业，专业技术人员越来越多，流动性越来越大，可利用的外部创新力量不断增加，为企业实现网上创新外包提供了条件。企业使用传统方式获取外部创新资源的成本很高，造成企业内部创新研发人员的短缺，失去许多发展壮大的机遇，网上创新外包提供了一种新型的创新研发人员使用方式，实现创新驱动的高附加值发展模式。再有，国家支持创意文化产业发展，政府大量采取网上创新外包模式，从某种意义上说，也是对国家文化创意产业发展的探索与支持。同时，在中国

4亿网民中，相当大的一部分群体是具有一定技术的网民，他们为网上创新外包提供了源源不断的人才动力。

2）内部环境

内部环境是指网上创新外包研发人员群体和行业内部存在的各种客观因素和条件，包括研发人员所处的行业、来自的网站等因素。对于从事不同行业的研发人员，其胜任力的要求是有差异的，例如设计行业对研发人员的专业技术能力和创意思维能力的要求较高，而软件行业要求研发人员具有较强的沟通能力和服务意识。对于不同网站的研发人员，规模大、经营规范的网站往往对效率和专业水平的要求会更高，同时会更强调遵守规范。因此，即便从事相似外包任务的研发人员，由于各自所处的内部环境的差异，在胜任力的表现上会不尽相同。

3）个体特性

个体特性被视为研发人员产生不同行为差异的原因，最常见的个体特性就是人口统计学信息，例如研发人员的性别、从业年限、学历等因素，这些因素是个人情况的基本反映，又是探寻研发人员绩效差异的切入点。通过对研发人员不同个体特征的分析，从中发现影响研发人员在绩效上产生差异的原因。

研发人员胜任力受到个体特性、内部环境和外部环境的影响，本书将着重分析对网上创新外包研发人员胜任力产生较为直接影响的个体特性和内部环境的影响。

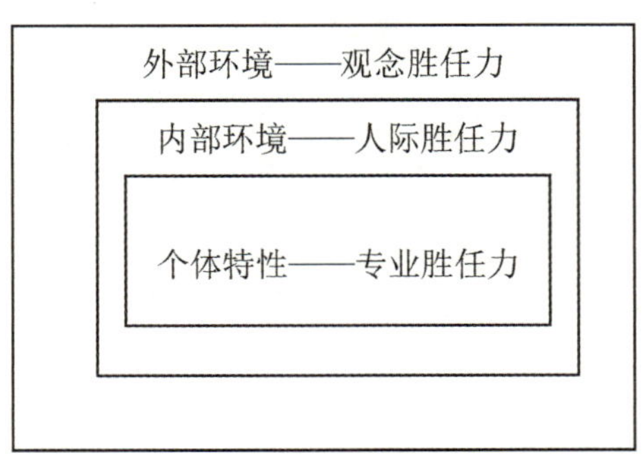

图 3.1　研发人员胜任力结构影响因素

鉴于研发人员胜任力结构包括三个层次，即专业胜任力、人际胜任力与观念胜任力，将研发人员胜任力结构与其影响因素进行结合分析，个体特征对于专业胜任力的影响较大，由于不同的个体自身存在的差异，导致了在专业技术表现上的区别;内部环境因素对人际胜任力的影响较大,人际胜任力是激励人、理解人,善于与他人沟通的能力,人际胜任力更多地来自于群体和行业内部,受内部环境影响;外部环境因素则更多地影响观念胜任力,观念胜任力是综观全局,发现机会和威胁的能力,其更多地来自于所处的外部环境[1]。

3.3　网上创新外包研发人员胜任力的内容构成与驱动机理

胜任力的内容构成分析是研发人员胜任力模型的基础。总的来说,胜任力的内涵包含了以下三个方面:一是完成任务所需要的实际知识和技能;二是个人具备的能力潜质;三是取得这种绩效所需要的个人特质。其中,知识与技能是外显、可观察、可以后天培养的胜任力;能力是完成工作任务必备的条件;个性特质是隐藏在内部的,不易观察和测量的,但是对人的行为动机和发生会产生重要影响的胜任力[1]。

知识与技能、能力和个性特质外化为任务中的行为表现。从驱动关系上看,任务行为表现由知识与技能、能力和个性特质三者共同决定,同时这三者之间存在内在的递进关系。个性特质是胜任力体系的基础,决定了个人所具有的能力潜质;个人的能力又直接影响个人的知识和技能的掌控情况;由这些因素共同决定了个体在实际任务中的行为模式和表现。从任务行为产生的动力来看,任务行为产生于个性特质与能力的组合,特定的行为模式映射了特定的个性特质和能力潜质,因此,通过测量行为来研究个性特质和能力的研究思路是具备可行性的。任务行为产生的直接结果即为任务绩效,行为的强度和方向决定了个人任务绩效的结果,可以通过区分不同绩效来判断行为的有效性或无效性;而行为是可以被观察、测量的,具有准确衡量的特性,是知识与技能、能力和个性特质等一系列内在因素共同作用的外在结果表现[1]。因此具备“与高绩效相关,能够用被广泛接受的标准进行测量”的核心胜任力特征,是完成任务的关键因素,直接决定了研发人员完成任务的能力和绩效水平。

从胜任力驱动机理来看,胜任力由知识与技能、能力以及个性特质三个方面构成,这三方面外化为任务表现,形成最终的结果为任务绩效。因此,只有清楚胜任力、任务行为、任务绩效之间的关系,才能更深入地进行胜任力的评价和测定,胜任力驱动机理是整个胜任力研究工作的起点和基础,同时为人力资源管理的各项活动提供指导和依据。具体来看,人力资源管理的各个环节都可以与胜任力研究紧密地结合起来。通过比较不同的绩效，建立胜任力模型，为胜任力的科学评价奠定基础，为人力资源管理提供可靠的依据。

3.4 网上创新外包研发人员胜任力模型的假设

研发人员胜任力是一个具有多层次、多维度的整体，根据对已有研究成果的总结和分析，基于研发人员胜任力模型的概念框架，以网上创新外包研发人员的实际情况为具体背景，建立研发人员胜任力模型的假设前提。

问题一：网上创新外包研发人员胜任力由哪些因素构成，以及这些因素之间的关系？

假设一：网上创新外包研发人员胜任力是一个多层次、多维度的结构。

通过工作分析表明，对于任何职业或岗位来说，对从业者的能力素质要求都是多元的，是多种因素的集合。网上创新外包研发人员要取得成功，除了应具备传统创新研发人员的基本素质之外，还应针对网络创新环境的特殊性，提高对新技术、新理念和新工具的掌握，以及网络沟通的能力。本书将在关键事件访谈法、问卷调查法、文献分析法、专家意见法等方法的基础上，确定研发人员胜任特征，建立研发人员胜任力模型，并进行验证。

问题二：网上创新外包研发人员胜任力与绩效之间是否存在关系？

假设二：网上创新外包研发人员胜任力与绩效之间存在正向的影响。

本研究的基本假设二是不同胜任特征会导致不同的绩效表现，因此通过绩效优异者与绩效普通者之间在胜任特征上的比较，就能获取影响绩效表现的关键胜任力。对不同绩效表现的研发人员进行研究表明，不同研发人员具有不同的胜任特征，其胜任特征的类型和水平都存在显著差异，某些胜任特征是部分研发人员所不具备的，或者其特征水平存在较大差异，而研发人员之间绩效水平的差异是否与上述胜任特征相关是后续研究要解决的重要问题。

3.5 本章小结

本章探讨了网上创新外包研发人员胜任力模型作用机理。

信息通信技术尤其是网络技术的发展加快了创新的扩散速度。在互联网环境下，传统的社会组织及其活动边界正在“融化”。每个人都成为创新的主体，以生产者为中心的创新模式正在向以用户为中心的创新模式转变,创新正在经历从生产范式向服务范式转变的过程。以需求为中心、以互联网为舞台的创新模式逐渐成为主流。网上创新外包得益于互联网环境。同时,互联网也推动了更广泛的创新需求。因此,互联网环境和创新需求两方面的因素催生了网上创新外包的蓬勃发展。

网上创新外包的流程为:在互联网环境下,企业方在网上创新外包平台上发布任务并给出相应的奖励金额,感兴趣的研发人员根据自身能力,按照要求完成任务,提交解决方案到网上创新外包平台,企业方评价解决方案后,对于完成最佳方案的研发人员发放奖金。流程的特殊性使得网上创新外包表现出创新性、交易性、知识性、互动性、激励性、开放性和个性化的特点。

网上创新外包包含三方参与:企业、研发人员和网络平台。其中,网上创新外包研发人员被界定为掌握和运用知识,通过自身的能力来完成创新任务,并获得相应报酬的知识工作者。作为创新主体的研发人员同时充当接包方、研发人员、服务者和竞争者的角色;研发人员在完成网上创新外包任务中的工作特征,即研发人员的行为特征,也就是与研发人员的工作行为本身有关的一系列特征。外包工作同时具有创新性、自主性、成果难以衡量、技术性、任务项目导向和多样性的特征。

在此基础上探析得到网上创新外包研发人员的胜任力结构包含三个层次:专业胜任力、人际胜任力和观念胜任力;外部环境、内部环境和个体特性是影响研发人员胜任力结构的因素;个体特征对于专业胜任力的影响较大,内部环境对人际胜任力影响较大,外部环境则更多地影响观念胜任力。

胜任力的内容构成分析是研发人员胜任力模型的基础。总的来说,胜任力的内涵包含了以下三个方面:一是完成任务所需要的实际知识和技能;二是个人具备的能力潜质;三是取得这种绩效所需要的个人特质。其中,知识与技能是外显、可观察、可以后天培养的胜任力;能力是完成工作任务必备的条件;个性特质是隐藏在内部的,不易观察和测量的,但是对人的行为动机会产生重要影响的胜任力。知识和技能、能力、个性特质是构成研发人员胜任力内容的三个方面,三者之间存在内在的递进关系,个性特质决定了个人所具有的能力潜质,个人的能力又直接影响个人的知识和技能的掌控情况,知识与技能、能力和个性特质外化为外包任务中的行为表现,行为的强度和方向决定了研发人员外包任务绩效的结果。

从胜任力驱动机理来看,胜任力由知识与技能、能力以及个性特质三个方面构成,这三方面外化为任务表现,形成最终的结果为任务绩效。因此,只有清楚胜任力、任务行为、任务绩效之间的关系，才能更深入地进行胜任力的评价和测定，胜任力驱动机理是整个胜任力研究工作的起点和基础，同时为人力资源管理的各项活动提供指导和依据。

基于以上分析，针对网上创新外包研发人员胜任力模型，本章最后提出两个假设，假设一：网上创新外包研发人员胜任力是一个多层次、多维度的结构；假设二：网上创新外包研发人员胜任力与绩效之间存在正向的影响。

第 4 章

网上创新外包环境下的研发人员胜任力模型构建

将实证分析和理论分析相结合，构建网上创新外包研发人员胜任力模型。

在实证分析方面，在查阅大量文献资料的基础上对网上创新外包研发人员进行胜任特征分析，利用关键事件访谈提取研发人员胜任特征和每个胜任特征下的行为描述，获得初步胜任力概念框架和基于行为描述的胜任力测量问卷。通过初始问卷调查收集数据，通过探索性因子分析初始问卷，得出研发人员胜任力的 6 个因子和 18 项胜任特征。

在理论分析方面，通过已有文献的梳理，基于心理学理论、组织行为学理论、管理学理论、工程学理论的分析，从理论内涵的视角，探寻并构建网上创新外包研发人员胜任力模型的理论框架。

4.1 关键事件访谈

4.1.1 网上创新外包研发人员基本胜任特征

在网上创新外包环境下，相对任务而言，网上创新外包人员是研发人员；相对发包方而言，网上创新外包研发人员是服务人员；相对其他网上创新外包研发人员而言，研发人员是竞争者。

Spencer[52]总结了他们 20 年中研究胜任力的成果，对专业技术人员的胜任力模型包括：客户服务意识、信息寻求、技术专长、团队协作、自信、人际洞察力、分析性思维、主动性、影响力、成就欲。徐芳[98]初步构建了研发人员的胜任力结构维度，在企业的实践中，通过选择有代表性的团队，对研发人员进行观察，然后运用行为事件访谈和问卷调查两种方法来确定研发人员的胜任力模型，得出优秀研发人员的胜任力结构维度包括：上进心、影响力、概念性思维和分析性思维、主动性、自信心、人际理解、团队合作与协作、专业知识以及客户服务导向。曹茂兴、王端旭[99]通过实证研究的方法进一步地探索研发人员必须具备的核心胜任能力，通过对山东某科技公司优秀研发人员的行为事件访谈，运用问卷调查得出成就动机、概念性思维和分析性思维、团队协作精神、创新能力、专业知识和技术和学习能力几个研发人员必须具备的胜任力维度，通过核心维度的确定，从人力资源管理的角度探讨了如何提升研发人员的能力。于建军[100]认为，优秀研发技术人员的核心胜任力模型包括思维能力、上进心、团队合作、学习能力、坚韧性和主动性。Wu Wei-Wen[101]提出为了保持技术竞争力，公司要保持和促进研发人员的专业技术，提出了研发人员的六个核心能力：目标管理、技术改进、上进心、团队合作、关系建设和学习意愿。蒋敏[102]在对航天A所科研人员进行行为事件访谈的基础上得出科研人员胜任力构成：专业知识与技术、团队协作、自信心、成就动机和主动性。综合他们的研究结果，研发人员的专业特性与其人格特征可概括为三个方面：①技术能力。喜欢原创性的事物，理解能力强，偏好复杂的事物。②人格特性。尝新求变，具有独立判断、思考能力和变通性，喜欢接受挑战。③解决问题能力。多角度推理，组织与分析能力强，逻辑性与概念性较好。

在服务人员胜任力的研究中，Spencer总结了服务员工的胜任力模型，他认为服务员工的胜任力包括：冲击和影响力、培养他人的能力、人际EQ、自信心、自我控制力、专业知识、顾客服务导向、团队与合作精神、分析式思考能力、概念式思考能力、主动积极、弹性、直接果断性。赖伟雄[103]认为，服务胜任力的关键因素包括业务知识、服务技能、个性、承诺、价值取向，而且每个因素各自还包含一些要素。从实证中得出，业务知识、服务技能包含三个因素，分别是熟练程度、人际技能和自控能力。个性包含情绪稳定、责任意识、外向交往、开放经历、协同相容；价值取向包含协作导向和服务导向。承诺包含感情承诺、规范承诺、持续承诺和承诺指向。林江珠[104]认为酒店服务人员的胜任特征主要表现在个人诚信、情感密集度、负责精神、营销导向和影响力5个方面。

当前对于竞争者的研究，大多集中于国家竞争力和企业竞争力，个人竞争者胜任力较少。潘明华[105]认为，“个人竞争力就是在特定的环境下支撑个体生存和发展的力量。”他从市场竞争的角度论述了素质、能力和环境是决定个人竞争中的核心胜任力因素。王玉敏[106]从打造大学生个人核心竞争力的角度出发，分析了大学生个人竞争力的构成和特点。他认为，个人竞争力由思维力、意志力、凝聚力、适应力和创造力构成，实践性、专长性、异质性、稳定性、独特性和发展性是个人竞争力的六大特点。同是研究大学生个人核心竞争力的张小刚[107]则认为，“个人竞争力是由人格魅力、学习能力、创新素质、实践能力和身体素质构成。”个人竞争力主要的隐形评价标准是人才资源力及其利用的效果，其显性评价标准是个人的工作业绩、劳动成果，即为组织或社会创造的财富。于爱云[108]认为个人竞争胜任力有三个维度：素质、知识结构与能力。其中素质又分为自然素质、心理素质和道德素质；知识结构分为学校知识、社会知识和创造性知识；能力分为学习能力、适应能力、协调能力、执行能力、沟通能力和创新能力。

除了上述已有研究成果中的胜任特征以外，本研究还参考了 Hay/McBer 公司分级素质词典中的通用核心胜任力特征、Maurer 和 Tarulli 研究中曾经使用过的 KSAO 清单、大五人格因素模型中的人格分类、Hartman 性格素描档案中的人格词汇，将搜集到的所有胜任特征汇总，尽力去掉那些重复和定义模糊不清的内容，结合网上创新外包环境下研发人员的工作特点，最后归纳总结出《基本胜任特征表》，如表 4.1。

表 4.1　基本胜任特征

胜任特征类别	胜 任 特 征
研发	专业技术、解决问题能力、创新能力、成就导向、概念性思维、分析性思维、学习能力、反思能力、逻辑性、演绎思维、归纳思维、理解能力、逆向思维、信息处理、关注程序、系统思维、时间管理、信息搜索、团队协作、关注细节、绩效导向、传授能力、展示能力
服务	影响力、人际理解力、自我控制力、服务导向、直接果断性、服务熟练程度、协作导向、负责精神、营销导向、沟通能力、亲和力、观察力、诚信、主动性
竞争	意志力、凝聚力、实践能力、适应能力、执行能力、公关能力、决策能力
个人素质	自信心、情绪稳定、外向交往、上进心、坚韧性、勤奋、乐观、身体素质、法律知识、外语能力、记忆力、心理素质、道德素质

4.1.2　关键事件访谈法

每种工作中存在一些关键事件，业绩优秀者在这些事件上表现出色，而绩效较差者则正好相反。关键事件访谈法可以使研究者从被研究者在实际工作情境中做过的、想过的、说过的和感受到的信息中，搜集到被研究者的生活事件，这些事件的时间跨度可能是几个星期甚至几个月。

在网上创新外包环境下，研发人员在完成任务的过程中往往表现出非实时监控性，完成创新任务本身也具有一次性及时间限制性等特点，所以研发人员的绩效考核很难使用明确的数量指标去衡量他们的任务成果，所以谁是真正绩效优异者谁是绩效普通者，很难事先准确确定下来。也就是说，研究前在研发人员中确定绩效标准和校标样本是比较困难的。此时经典的行为事件访谈法不能解决本研究所遇到的情况。而工作任务分析法较为片面，专家小组讨论法具有局限性。

关键事件访谈法较之行为事件访谈法采集样本不需太大，涵盖范围广，能抓住那些非常规的、非例行的关键行为；对于访谈人员无需专业训练，只要事先经过培训即可。结合网上创新外包的实际特点，研发人员分散，无法聚集在一起，与研发人员很难见面沟通，所以在本研究中采用了关键事件访谈技术采集数据。基于关键事件访谈法和问卷调查法的研究途径更适合本研究的实际问题。

4.1.3 访谈小组的准备工作

访谈小组的素质和访谈技术的掌握对于访谈的效果具有一定的影响，所以访谈小组均是由人力资源管理、管理科学与工程等专业的人员组成，访谈小组成员在正式访谈开始前接受了两项关于网上创新外包研发人员工作状况与如何进行访谈和提取胜任特征的培训。第一项培训由网上创新外包领域的专家和实际创新研发人员介绍网上创新外包的现状和研发人员的工作；第二项培训是关于访谈过程、行为指标描写与提炼方法的培训，在正式访谈前所有的访谈小组成员开展了几次模拟访谈训练。模拟访谈的目的在于使访谈小组成员根据《研发人员访谈提纲》熟悉整个访谈的流程。经过培训后，所有的访谈小组成员均能准确地从访谈记录中识别出各种胜任力的行为特征。

4.1.4 访谈对象的选取

由于本研究需要探究网上创新外包环境下研发人员的胜任力特征，所以本研究首先筛选出三个大型的网上创新外包平台：猪八戒网（http://www.zhubajie.com/）、任务中国网（http://www.taskcn.com/）和时间财富网（http://www.vikecn.com/）。

对于访谈对象的选择，很大程度上可以根据研发人员具体的业绩来反映，国内网络平台将业绩用收入等级反映出来，因此为衡量研发人员业绩提供了依据。但是，仅凭借收入等级来区分研发人员，存在以下弊端：首先，收入等级的高低直接和研发人员的从业年限长短相关，只是一个绝对的指标，而不能直接用于研发人员之间的相对比较，在研发人员之间进行比较时，还应该考虑到研发人员的从业时间等因素。其次，收入等级的增加与中标次数和好评次数直接联系，对于不同类别的外包任务，中标次数缺乏可以横向比较的依据。单价高的任务中标量往往小于单价低的任务，因此仅凭借交易次数很难反映研发人员的实际能力。第三，研发人员的绩效还与相关的软指标有关，例如好评率和信誉，因此不能仅凭借单一的收入等级来进行研发人员的评价。由于不同的网站评价方式不同，本书将以下指标作为访谈对象筛选的标准。

(1) 猪八戒网：能力值大于 5 000，交易次数大于 10，交易收入大于 5 000 元。

(2) 任务中国网：信用值大于 50，中标任务数大于 10，获得任务款大于 5 000 元。

(3) 时间财富网：信用积分大于 500，中标项目 10 次以上，累积财富大于 5 000 元。

根据以上标准，在三个网络平台中随机筛选。采取事先预约的方式，最终确定访谈对象，具体情况如表 4.2。

表 4.2　访谈对象分布

访谈对象	猪八戒网	任务中国网	时间财富网	总计
设计类	2	2	3	7
软件开发类	3	2	2	7
策划类	2	3	2	7
总计	7	7	7	21

4.1.5　实施访谈

(1) 访谈方式：由于研发人员的地理位置分布较为分散，无法集中，根据访谈对象的客观情况和偏好，采用见面访谈、电话访谈和网络通信软件访谈相结合。

(2) 访谈工具：录音工具。

(3) 访谈材料：《研发人员访谈提纲》和《基本胜任特征表》。

(4) 访谈过程：按照《研发人员访谈提纲》，对访谈对象实施关键事件访谈并录音。事前预约后，在访谈对象方便的时间实施访谈。访谈中，首先介绍访谈目的和访谈的主要内容，并请访谈对象决定是否接受访谈并授权录音。然后请访谈对象回忆在网上创新外包平台上完成任务的过程中曾经发生的印象深刻的四件事件。包含两件成功、出色的事件和两件失败、遗憾的事件。具体事件描述中包含：该任务的时间、所在网站、具体内容;访谈对象对于该任务采取的行动、付出的时间和精力;如何与发布方沟通;完成任务期间发生了什么事情,如何处理;该任务的结果如何;是否中标;如果中标,是否需要修改;此次事件中的感受如何。每个访谈对象的访谈时间在85～107分钟之间。关键事件访谈法的STAR工具详见表4.3。《研发人员访谈提纲》详见附录一。

表4.3　关键事件访谈法的STAR工具

任　务	任务完成过程	结　果
① 在哪个网站?什么时候的项目? ② 如何发现的任务?金额多少? ③ 任务具体内容?	① 当时花费多少时间精力?付出了多少努力?采取了哪些行动? ② 是否需要与发布方沟通?沟通了多少次? ③ 发生了什么事情?如何处理?当时心中的想法?	① 结果如何?是否中标? ② 如果中标,是否需要修改?修改多少次? ③ 什么原因导致了这个结果? ④ 从此次事件中你的感受是怎样的,有什么体会? ⑤ 你得到了什么样的反馈信息?对以后的任务竞赛有什么帮助?

注:关于访谈文本的整理,即将访谈录音整理为文本,并按照访谈编号整理打印。

4.1.6　材料甄选

按照访谈要求,确定访谈材料的筛选标准:第一,访谈内容不能离题,关键事件和行为的描述要与网上创新外包工作紧密关联。第二,访谈内容饱满。通过整理分析,从21份访谈材料中选择20份材料作为内容分析素材。

4.1.7　数据分析方法

内容分析法是一种基于定性研究的量化分析方法。内容分析法将语言表示的文献转换为用数量表示的资料。内容分析法通过对文献内容"量"的分析,找出能反映文献内容的一定本质方面又易于计数的特征,从而能克服定性研究的主观性和不确切性的缺陷,达到对文献"质"的更深刻、更精确的认识。本书采用内容分析法对访谈材料进行分析。

内容分析法有解读式内容分析法、实验式内容分析法和计算机辅助内容分析法三种类型。解读式内容分析法通过精读、理解并阐释文本内容来传达作者的意图,从整体和更高的层次上把握文本内容的复杂背景和思想结构,从而发掘文本内容的真正意义。实验式内容分析法应用较广,它将文本内容划分为特定类目,计算每类内容元素出现的频率,描述明显的内容特征,获得内容特征的直观定量描述,进而探求这些数据之后隐含的理论信息。计算机辅助内容分析法是指在内容分析法中运用计算机技术,通过计算机技术辅助完成内容分析。本研究采用的是实验式内容分析法中的定量分析技术。

4.1.8　访谈资料内容分析

以 20 份访谈材料为内容分析文本,以语句作为内容分析单元,采用相对较为灵活、有效的单重归类法进行内容分析。如果每个胜任特征在一个文件中出现多次,按照一次计算。

选择合适的分析人员,因为内容分析需要由具备相关专业知识和技能的人员操作方能更好地保证编码的正确性,所以选择了一名人力资源管理博士、一名心理学硕士及一名管理学博士生作为分析人员。

三位分析人员分别对所有访谈文本进行内容分析。在分析过程中,三人根据《基本胜任特征表》辨别、区分每个事件中出现的胜任特征是什么,并记录它们在文本中出现的位置,在相应的文字和段落做上标注。有些胜任特征能够在词典中找到,而有些在词典中找不到,需要分析人员用自己的语言进行初步归纳和命名。一个访谈文本往往包含多个胜任特征,并且大部分胜任特征是补充进来的。

把三位分析人员得到的胜任特征进行比较,往往三人会采用不一样的语言定义同一个含义的胜任特征,或者三人对关键事件反应的行为的理解有所不同以致提炼出意义不同的胜任特征。每一个胜任特征的含义是依据相应的行为表现确定的,所以三位分析人员要反复分析和讨论访谈文本中的关键事件和相应的行为表现,用统一的语言命名同一个特征,取得一致的意见,这种反复讨论非常重要,一方面使所得到的胜任特征的定义表述相一致,另一方面把个性化的具有网上创新外包特点的《基本胜任特征表》词典中没有的胜任特征也用统一的语言习惯方式提炼出来,更加贴近网上创新外包研发人员的工作环境。

4.1.9　内容分析结果

内容分析后总共得到 18 项胜任特征,并统计了这 18 项胜任特征在文本中出现的频次,如表 4.4 所示。对于每个胜任特征,根据访谈文本中的描述和行为表现进行总结和解释,如表 4.5 所示。

表 4.4　胜任特征频次

排序	胜任特征	频次	百分比(%)
1	沟通能力	20	100
2	任务需求分析理解	19	95
3	任务导向	17	85
4	专业知识与技术	16	80
5	坚韧性	16	80
6	创新能力	15	75
7	学习能力	16	80
8	自信心	16	80
9	总结能力	15	75
10	情绪稳定	14	70
11	自我定位与自我评估	13	65
12	外界信息收集与处理	12	60
13	诚信	10	50
14	换位思考	9	45
15	关系建立与关系保持	9	45
16	主动性	8	40
17	竞争决策	7	35
18	上进心	6	30

表 4.5　胜任特征描述

胜任特征	特征解释与行为表现
情绪稳定	解释：无论在什么情况下，即使再差也保持良好的心态，也相信坏事情总会过去，一切都会变好；积极向上；不气馁 表现：① 能够在考验面前保持内心的平静 ② 能够控制自己的情绪 ③ 情绪不易受外界影响

（续表）

胜任特征	特征解释与行为表现
诚信	解释：待人处事真诚、讲信誉，言必信、行必果；对于任务、客户有高度的责任感；把完成任务作为自己的目标；勇于对于设定的任务目标承担个人相应的责任 表现：① 喜欢别人把自己看成是个身负重任的人 ② 对自己所犯的错误非常后悔 ③ 看重诚信
坚韧性	解释：在条件不利的情况下，克服困难，完成任务 表现：① 一旦下定决心，就会坚持到底 ② 如果知道这项任务必须完成，那么困难和压力并不能困扰自己 ③ 能坚持很长一段时间解决难题
上进心	解释：不满足于现状，对成功具有强烈的渴求；为了实现自己的价值，总是设定较高目标并努力完成任务 表现：① 总是不断提高奋斗目标 ② 认为成败的确能论英雄
自我定位与自我评估	解释：有自知之明，准确分析和认识自我；了解自己的能力，知道适合自己的任务类型或规模，能够根据自己的能力选择适合自己的任务 表现：① 知道网上的哪种任务最适合自己 ② 能够根据自己的能力选择参与适合自己的任务
竞争决策	解释：通过判断任务竞争激烈程度，选择任务、参与竞争 表现：① 通过对任务奖金多少的分析和判断，来决定是否参与该任务竞争 ② 通过对任务难易程度的分析和判断，来决定是否参与该任务的竞争 ③ 通过对任务竞争激烈程度的分析和判断，来决定是否参与该任务的竞争
任务导向	解释：按照任务需求来完成任务；以满足任务需求为目的，按照任务需求采取行动 表现：① 尽量按照任务要求来完成任务 ② 即使任务要求不合理，也会尽力去满足 ③ 只要任务发布方需要，即使有困难也尽力去满足 ④ 尊重任务发布方的决定 ⑤ 无论任务发布方正确与否，都会耐心倾听对方的意见

（续表）

胜任特征	特征解释与行为表现
换位思考	解释：站在客户的角度和位置上，客观地理解客户的内心感受 表现：① 经常站在任务发布方的角度上考虑问题 ② 能设身处地为任务发布方着想、行事
自信心	解释：对于在网上完成任务并获得报酬充满信心 表现：① 对于完成任务很有把握 ② 你觉得中标并不是困难的事情
主动性	解释：面对任务，主动采取行动或创造机会；主动与客户沟通、主动解决客户问题、主动提供合理化建议和意见 表现：① 主动与买家沟通，主动解决买家问题 ② 主动向买家提供合理化建议和意见
任务沟通能力	解释：有与任务发布方有效地进行沟通的能力 表现：① 经常与买家沟通 ② 与买家的沟通总是很愉快 ③ 与买家的沟通对于完成任务很重要
任务需求分析理解	解释：准确理解任务要求，理解发布任务的目的，把握任务的最终效果 表现：① 很容易理解任务要求 ② 能够清晰预测任务实现效果
学习能力	解释：积极获取和理解相关知识，不断更新自己的知识结构，提高自己的工作技能；对事物具有较强的好奇心，希望对事物有比较深入的理解；善于利用一切可能的机会获取对工作有帮助的知识 表现：① 很容易从一个行业转到另一行业 ② 对事物具有较强的好奇心，希望对事物有比较深入的理解 ③ 积极获取和理解相关知识，不断更新自己的知识结构，提高自己的工作技能 ④ 善于获取对工作有帮助的知识和技能

（续表）

胜任特征	特征解释与行为表现
创新能力	解释：又称创意，是一种具有开创意义的活动；通过开拓认知的新领域来解决问题；通过尝试新方法和新途径来解决问题；通过创造或引进新的观念和方法来解决问题 表现：① 能常常想出好主意 ② 幻想能促进许多重要方案的提出 ③ 经常尝试新方法和新途径来解决问题
外界信息收集与处理	解释：在完成任务的过程中，积极努力从外部去索取有用信息，并对原始信息进行处理为自己使用 表现：① 能够在各种复杂的信息中能找出相关信息并进行分类和归纳 ② 经常利用搜索工具获取有用信息
总结能力	解释：对于以往成功的任务总结经验；对于以往失败的任务总结教训 表现：① 能从别人的成败中发现问题，吸取经验教训 ② 善于总结经验和教训
关系保持	解释：利用各种机会，与任务发布方建立良好的合作关系；能够维持良好的人际关系；通过良好的任务表现赢得发布方的长期合作 表现：① 常会给网上的朋友写邮件或QQ信息表示问候 ② 与以前的买家还有联系 ③ 觉得容易信任他人也容易让他人信任 ④ 很容易消除人际隔阂
专业知识技术掌握运用能力	解释：掌握完成任务所需要的专业知识和技术 表现：① 清晰知道完成任务所需的技术要点 ② 有足够的技术应付网站上的任务

4.1.10　访谈结果分析

得到关于网上创新外包研发人员的18个胜任特征：沟通能力、任务需求分析理解、任务导向、专业知识与技术、坚韧性、诚信、学习能力、自信心、创新能力、自我定位与自我评估、总结能力、外界信息收集与处理、情绪稳定、关系建立与关系保持、换位思考、主动性、竞争决策和上进心。

从研发人员在网上创新外包环境下的发展阶段来考虑，在最初阶段，研发人员凭借自己的技术实力生存，专业知识和技术掌握运用能力、任务需求分析理解能力和坚韧性较为重要,同时通过任务导向、换位思考和主动性更好地为客户服务;在发展阶段,随着研发人员完成外包任务的增多和信誉度的提高,在清晰的自我定位和评估的基础上,总结出一套竞争决策策略,在不断学习、不断总结、不断创新、汲取外界知识的同时,高效率地完成任务,同时通过任务沟通建立自己的社交网络;在成熟阶段,上进心、自信心和诚信将指导研发人员不断取得新的业绩。

从完成网上创新外包任务的角度来考虑,以上进心、自信心、诚信、坚韧性等内在素质为驱动力,通过运用沟通能力、分析能力、学习能力、创新能力、总结能力和社交能力,在自我评估、自我展示、竞争策略、任务导向、换位思考等工作技巧的指导下,主动、高效地完成网上创新外包任务。

4.2 初始问卷调查

4.2.1 初始问卷设计

把每一项胜任特征相应的行为表现转化成描述性的行为测量题目,让每一个行为测量题目只反映一个具体行为,为开发胜任力测量问卷服务。同样,三名内容分析人员分别从访谈文本中独立编写行为测量题目,然后分析比较三份不同的行为测量题目,发现大部分行为题目的描述相当一致,对于不相同的行为题目进行讨论,经过统一分析筛选、归纳和修改总共得到116项行为测量题目,然后根据行为测量题目在所有访谈文本中出现的频次统计结果,总结出频次较高的79项行为测量题目。

邀请了12名人力资源、行为与心理测量领域中的专家学者以及有多年实践经验的网上创新外包研发人员进行了两次正式的讨论,反复修改和讨论问卷中的题目,从79项行为题目中挑选出与网上创新外包工作最相关的行为,同时结合每一项行为出现的频数,共保留了74项行为题目,保证题目中的用词准确,语义清晰。最后生成了基于行为描述的74项题目的初始胜任力测量问卷。初始问卷详见附录二。

问卷分为两部分,第一部分为网上创新外包环境下研发人员胜任特征测试。要求受试者根据自己在网上创新外包环境下的实际情况和理解,选择每一个行为描述与自己的符合程度。采用里克特行为五等级评定法,第一个选项框表示“非常不符合”,第二个选项框表示“不太符合”,第三个选项框表示“不确定”,第四个选项框表示“比较符合”,第五个选项框表示“非常符合”,五个选项框表示五种符合程度，越往后表示越符合。第二部分为受试者的个人信息测试，包括受试者的性别、学历、年龄、行业、从业年限等。

4.2.2　发放问卷

初始问卷的受试者为猪八戒网站的研发人员，猪八戒网站是国内著名的网上创新外包网站。在当前的网上外包环境下，大部分任务发布方对于参与任务的研发人员并不了解，所以不选择任务发布方作为问卷发放对象。

本次问卷的发放工作得到了猪八戒网站的支持，猪八戒网站在其注册会员中，随机选择 220 名研发人员作为问卷发放对象，同时承诺在问卷回收后，只要问卷合格就给予一定的报酬。我们对回收问卷进行验收，将验收结果转告猪八戒网站，网站将报酬支付给合格的问卷填写者。发放问卷 220 份，去除没有回收的问卷及无效问卷共 23 份，收回有效问卷 197 份，有效问卷回收率达到 89.5%。

4.2.3　问卷描述性统计

初始问卷的描述性统计信息如表 4.6、表 4.7 所示。

表 4.6　初始问卷描述性统计——性别

性别	频数	百分比(%)
男	94	47.7
女	103	52.3
合计	197	100.0

表 4.7　初始问卷描述性统计——任务种类

任务种类	频数	百分比(%)
设计类	59	29.9
开发类	81	41.1
文案类	57	29.0
合计	197	100.0

4.2.4　调查问卷题目的筛选

以 197 名被调查对象的问卷结果为基础，通过内部一致性分析法和分组法进行项目区分度分析。

在内部一致性分析法中，以测验总分代替外在效标，以题目分数计算相关系数作为题目区分度指标。根据美国教育与心理测量学家艾伯提出的评价题目优劣的标准,区分度指数在 0.4 以上的题目可以认为是优秀的题目。本研究中,测验总分与单个题目分数之间的相关系数低于 0.4 的题目共有 6 个,将相关系数低于 0.4 的 6 个题目予以删除。

在分组法的项目区分度分析中,根据测验总分区分出高分组与低分组后,再求出高、低二组在每个题项的平均差异显著性,将未达到显著性水平的题目删除,主要步骤如下:①将量表中反向设问的题目得分反向转换,重新编码;②求出各受试者在量表上的总分;③将量表总分高低排列;④找出高低分组上下 27%处的分数作为临界分数;⑤依临界分数将量表得分分成两组,分别赋值;⑥求出高低二组受试者在各题目平均数上的差异显著性,采用的方法为独立样本 T 检验法;⑦将 T 检验结果未达显著性的题目删除。

利用分组法对高低分组进行差异性检验,共有 8 个题目的 t 值不显著($\rho<0.001$),与内部一致性分析法选出的题目相吻合,将不显著的题目删除,只留下水平显著的题目。

对余下的 66 个项目重新进行项目区分度分析,内部一致性分析结果如表 4.8 所示,分组法的独立样本 T 检验结果如表 4.9 所示。

表 4.8 初始问卷项目区分度系数

项目	与总分的相关关系	显著性	项目	与总分的相关关系	显著性
项目1	0.844***	0.000	项目37	0.786***	0.000
项目2	0.527***	0.000	项目38	0.44***	0.000
项目3	0.402***	0.000	项目40	0.753***	0.000
项目4	0.421***	0.000	项目41	0.643***	0.000
项目5	0.664***	0.000	项目42	0.552***	0.000
项目6	0.494***	0.000	项目43	0.5***	0.000
项目7	0.427***	0.000	项目44	0.829***	0.000
项目8	0.465***	0.000	项目45	0.799***	0.000
项目9	0.637***	0.000	项目46	0.822***	0.000
项目10	0.631***	0.000	项目47	0.697***	0.000
项目11	0.612***	0.000	项目49	0.572***	0.000
项目12	0.846***	0.000	项目50	0.805***	0.000

（续表）

项目	与总分的相关关系	显著性	项目	与总分的相关关系	显著性
项目13	0.677***	0.000	项目51	0.675***	0.000
项目14	0.751***	0.000	项目52	0.459***	0.000
项目15	0.672***	0.000	项目53	0.472***	0.000
项目16	0.834***	0.000	项目54	0.504***	0.000
项目17	0.822***	0.000	项目55	0.701***	0.000
项目18	0.482***	0.000	项目56	0.606***	0.000
项目19	0.62***	0.000	项目57	0.827***	0.000
项目21	0.497***	0.000	项目58	0.843***	0.000
项目23	0.71***	0.000	项目60	0.795***	0.000
项目24	0.827***	0.000	项目61	0.713***	0.000
项目25	0.737***	0.000	项目62	0.818***	0.000
项目26	0.45***	0.000	项目63	0.705***	0.000
项目28	0.417***	0.000	项目64	0.424***	0.000
项目29	0.653***	0.000	项目65	0.555***	0.000
项目30	0.817***	0.000	项目66	0.757***	0.000
项目31	0.67***	0.000	项目67	0.829***	0.000
项目32	0.439***	0.000	项目68	0.824***	0.000
项目33	0.864***	0.000	项目69	0.717***	0.000
项目34	0.428***	0.000	项目70	0.575***	0.000
项目35	0.417***	0.000	项目73	0.844***	0.000
项目36	0.84***	0.000	项目74	0.825***	0.000

注：***　$p<.001$。

表 4.9　问卷项目临界比率指标分析

项目	t 值	显著性	项目	t 值	显著性
项目1	17.176***	0.000	项目37	16.567***	0.000
项目2	7.373***	0.000	项目38	6.017***	0.000
项目3	4.651***	0.000	项目40	14.836***	0.000

（续表）

项目	*t* 值	显著性	项目	*t* 值	显著性
项目4	5.584***	0.000	项目41	11.717***	0.000
项目5	12.496***	0.000	项目42	6.966***	0.000
项目6	6.736***	0.000	项目43	7.392***	0.000
项目7	4.5***	0.000	项目44	14.947***	0.000
项目8	5.848***	0.000	项目45	13.126***	0.000
项目9	10.35***	0.000	项目46	17.31***	0.000
项目10	9.876***	0.000	项目47	14.229***	0.000
项目11	8.03***	0.000	项目49	7.984***	0.000
项目12	16.721***	0.000	项目50	15.2***	0.000
项目13	10.872***	0.000	项目51	11.109***	0.000
项目14	12.179***	0.000	项目52	4.176***	0.000
项目15	13.403***	0.000	项目53	6.258***	0.000
项目16	18.483***	0.000	项目54	6.881***	0.000
项目17	13.73***	0.000	项目55	13.616***	0.000
项目18	6.312***	0.000	项目56	8.268***	0.000
项目19	9.145***	0.000	项目57	18.403***	0.000
项目21	3.594***	0.000	项目58	16.417***	0.000
项目23	13.633***	0.000	项目60	12.954***	0.000
项目24	17.31***	0.000	项目61	14.12***	0.000
项目25	12.108***	0.000	项目62	15.541***	0.000
项目26	6.075***	0.000	项目63	13.267***	0.000
项目28	4.451***	0.000	项目64	4.356***	0.000
项目29	9.835***	0.000	项目65	7.37***	0.000
项目30	16.126***	0.000	项目66	12.496***	0.000
项目31	13.042***	0.000	项目67	14.736***	0.000
项目32	4.52***	0.000	项目68	14.399***	0.000
项目33	15.757***	0.000	项目69	11.908***	0.000
项目34	5.139***	0.000	项目70	7.103***	0.000
项目35	4.765***	0.000	项目73	15.043***	0.000

（续表）

项目	t 值	显著性	项目	t 值	显著性
项目36	17.767***	0.000	项目74	14.687***	0.000

注：*** $\rho < 0.001$。

4.2.5 探索性因子分析

采用主成分分析法估计因子负荷量。主成分分析法是以线性组合式将所有变量加以合并，计算所有变量共同解释的变异量，该线性组合称为主要成分[109,110,111]。通常最初因子抽取后，对因子无法作有效的解释，转轴旋转法可以改变题目在各因子上的负荷量的大小，旋转后，大部分的题目在每个共同因素中有一个差异较大的因子负荷量，这样更易于因子负荷量解释[112]。虽然旋转后每个共同因子的特征值会改变，与旋转前不一样，但每个变量的共同性不会改变。

探索性因子分析后，各变量在各共同因子均有因子负荷量，各变量到底归属于哪个共同因子，则以因子负荷量的大小来决定[113,114]。根据 Joseph Rollph & Roonnald 的看法，若因子负荷量绝对值大于 0.3 则可称为显著，若大于 0.4 则可称为比较重要，若大于 0.5 则可认为非常显著。因此，因子负荷大于 0.3 定为显著负荷量，以决定每一因子所包含的题目。

表 4.10　初始问卷总方差表

	Initial Eigenvalues			Extraction Sums of Squared Loadings			Rotation Sums of Squared Loadings		
	Total	% of Variance	Cumulative %	Total	% of Variance	Cumulative %	Total	% of Variance	Cumulative %
1	29.587	44.828	44.828	29.587	44.828	44.828	13.759	20.847	20.847
2	8.113	12.292	57.120	8.113	12.292	57.120	11.026	16.706	37.553
3	4.623	7.004	64.124	4.623	7.004	64.124	8.242	12.488	50.041
4	3.683	5.580	69.705	3.683	5.580	69.705	7.314	11.082	61.122
5	3.049	4.620	74.325	3.049	4.620	74.325	6.516	9.872	70.995
6	2.246	3.403	77.728	2.246	3.403	77.728	4.444	6.734	77.728
7	.972	1.473	79.201						
8	.915	1.387	80.588						
9	.876	1.327	81.915						
10	.857	1.298	83.213						

（续表）

	Initial Eigenvalues			Extraction Sums of Squared Loadings			Rotation Sums of Squared Loadings		
	Total	% of Variance	Cumulative %	Total	% of Variance	Cumulative %	Total	% of Variance	Cumulative %
11	.768	1.163	84.376						
12	.719	1.089	85.465						
13	.701	1.062	86.527						
14	.668	1.012	87.539						
15	.619	.937	88.476						
16	.562	.851	89.327						
17	.556	.843	90.170						
18	.520	.788	90.958						
19	.491	.744	91.703						
20	.477	.722	92.425						
21	.446	.675	93.101						
22	.415	.629	93.730						
23	.402	.609	94.338						
24	.344	.521	94.859						
25	.331	.502	95.361						
26	.286	.433	95.794						
27	.286	.433	96.227						
28	.264	.400	96.627						
29	.248	.375	97.003						
30	.213	.323	97.326						
31	.201	.304	97.630						
32	.173	.262	97.891						
33	.154	.233	98.125						
34	.127	.193	98.318						
35	.115	.174	98.491						
36	.088	.133	98.624						
37	.081	.123	98.747						
38	.072	.109	98.856						
39	.064	.097	98.953						
40	.056	.085	99.038						

（续表）

	Initial Eigenvalues			Extraction Sums of Squared Loadings			Rotation Sums of Squared Loadings		
	Total	% of Variance	Cumulative %	Total	% of Variance	Cumulative %	Total	% of Variance	Cumulative %
41	.052	.079	99.118						
42	.046	.069	99.187						
43	.044	.066	99.253						
44	.041	.062	99.315						
45	.039	.059	99.374						
46	.035	.053	99.427						
47	.033	.051	99.478						
48	.033	.049	99.527						
49	.032	.048	99.575						
50	.028	.043	99.618						
51	.028	.042	99.659						
52	.026	.039	99.698						
53	.023	.035	99.734						
54	.022	.033	99.766						
55	.019	.030	99.796						
56	.018	.028	99.824						
57	.018	.027	99.850						
58	.016	.024	99.874						
59	.015	.023	99.897						
60	.015	.022	99.919						
61	.012	.018	99.937						
62	.011	.017	99.955						
63	.010	.015	99.970						
64	.008	.012	99.982						
65	.007	.011	99.993						
66	.005	.007	100.000						

表 4.11 初始问卷主成分提取结果

	Component					
	1	2	3	4	5	6
项目 16	.886					
项目 24	.874					
项目 30	.870					
项目 58	.864					
项目 46	.858					
项目 12	.854					
项目 57	.853					
项目 36	.852					
项目 1	.847					
项目 50	.846					
项目 62	.833					
项目 51	.788					
项目 40	.752					
项目 23	.734					
项目 63	.731					
项目 13	.598					
项目 45		.864				
项目 68		.861				
项目 44		.858				
项目 74		.843				
项目 17		.839				
项目 67		.834				
项目 73		.832				
项目 33		.770				
项目 66		.715				
项目 25		.691				
项目 9		.668				
项目 60		.658				
项目 56		.649				
项目 69		.620				

（续表）

	Component					
	1	2	3	4	5	6
项目 14		.467				
项目 37			.853			
项目 5			.760			
项目 61			.755			
项目 55			.743			
项目 15			.709			
项目 47			.693			
项目 29			.683			
项目 10			.637			
项目 31			.608			
项目 43			.603			
项目 6			.561			
项目 19			.542			
项目 41			.517			
项目 18				.913		
项目 54				.897		
项目 2				.890		
项目 8				.874		
项目 26				.872		
项目 52				.795		
项目 38				.764		
项目 34				.737		
项目 4				.489		
项目 42					.865	
项目 65					.861	
项目 11					.851	
项目 70					.843	
项目 35					.829	
项目 49					.736	
项目 53					.661	
项目 64					.622	

（续表）

	Component					
	1	2	3	4	5	6
项目 7						.957
项目 28						.953
项目 32						.925
项目 3						.868
项目 21						.752

对初始问卷数据进行因子分析，采取主成分分析（PCA），并采用方差极大正交旋转（varimax），提取的标准为特征值大于 1，因子提取数量不限定。在剩余 66 个项目的因子负载值均大于 0.30，最终提取出 6 个因子。多次因素分析旋转后的总方差解释表提供了各个因子的特征值及其贡献率。表 4.10 中的数据表明，6 个因子累积变异解释率为 77.728%。66 个项目在 6 个因子上的负荷情况如表 4.11。

根据问卷项目的具体内容，对各个因子进行命名。因子 1 包含 16 个项目，涉及任务导向、换位思考、主动性、诚信 4 项能力特征，这些均是研发人员作为服务者所具备的能力，所以将因子 1 命名为“服务取向”。因子 2 包含 15 个项目，涉及关系建立与保持、沟通能力、情绪稳定性 3 个胜任特征，这些方面都是与社会交往相关的能力，所以将因子 2 命名为“社交能力”。因子 3 包含 13 个项目，涉及上进心、自信心、坚韧性 3 个胜任特征，这些方面都能够体现研发人员对于成就的渴望和追求，所以将因子 3 命名为“成就导向”。因子 4 包含 9 个项目，涉及学习能力、总结能力、外界信息收集处理 3 个胜任特征，外界信息收集处理也是一种总结和学习能力，所以将因子 4 命名为“学习总结能力”。因子 5 包含 8 个项目，涉及任务需求理解能力、专业知识技术掌握和运用能力、创新能力 3 个胜任特征，这些方面体现研发人员完成创新任务的能力，将因子 5 命名为“研发创新能力”。因子 6 包含 5 个项目，涉及竞争决策、自我定位与评估 2 个胜任特征，这些方面都体现研发人员的竞争意识，将因子 6 命名为“竞争意识”。表 4.12 给出了每个因子的命名及每个因子所包含的项目。

表 4.12　因子命名及包含的项目编号

因子	因子命名	简称	包含的项目编号
1	服务取向	FWQX	项目 16、项目 24、项目 46、项目 30、项目 58、项目 12、项目 36、项目 57、项目 1、项目 50、项目 62、项目 51、项目 40、项目 23、项目 63、项目 13
2	社交能力	SJNL	项目 45、项目 68、项目 44、项目 74、项目 17、项目 67、项目 73、项目 33、项目 66、项目 25、项目 9、项目 60、项目 56、项目 69、项目 14
3	成就导向	CJDX	项目 37、项目 5、项目 61、项目 55、项目 15、项目 47、项目 29、项目 10、项目 31、项目 43、项目 6、项目 19、项目 41
4	学习总结能力	XXZJ	项目 18、项目 54、项目 2、项目 8、项目 26、项目 52、项目 38、项目 34、项目 4
5	研发创新能力	YFCX	项目 42、项目 65、项目 11、项目 70、项目 35、项目 49、项目 53、项目 64
6	竞争意识	JZYS	项目 7、项目 28、项目 32、项目 3、项目 21

4.2.6　信度分析

信度(Reliability)又称为可靠性，指对同一事物的重复测量结果的一致性程度，它能够反映测量工具的稳定性或可靠性，一般用信度系数表示[115]。信度本身与测量结果的正确与否无关，它的用途在于检验测量本身是否稳定。信度分析用于评价问卷的稳定性或可靠性，它检验用问卷对同一事物进行重复测量后所得结果的一致性程度。

1) 总体信度

本研究采用 Cronbach α 一致性系数来考察量表的同质性信度。如表 4.13 所示，总量表的 Cronbach α 系数达到 0.988，说明总量表具有良好的一致性，分量表的 Cronbach α 系数从 0.944 到 0.985，各个分量表的信度水平都较高，如表 4.13 所示。

表 4.13　初始问卷总体信度

	Cronbach α 系数
总量表	0.988
服务取向分量表	0.985
社交能力分量表	0.979
成就导向分量表	0.948
学习总结能力分量表	0.945
研发创新能力分量表	0.944
竞争意识分量表	0.953

2）分维度信度

通过对初始问卷的分析，得出 6 个因子，每个因子所包含的胜任特征构成一个维度，为了使后继的研究顺利进行，需要对每个维度的信度分别进行分析，估算信度系数。分维度信度的判断标准为：若删除项目后，α 值显著提升，表示删除该项目能提升量表的信度，则应删除该项目。在各个维度中，若删除其中任一题该层面的信度都会降低，表示各分层面的信度良好。

表 4.14　初始问卷的分层面信度分析

分量表	删除项目	删除后的 α 值	删除项目	删除后的 α 值
服务取向	项目 1	0.983	项目 46	0.983
	项目 12	0.983	项目 50	0.984
	项目 13	0.984	项目 51	0.984
	项目 16	0.983	项目 57	0.983
	项目 23	0.984	项目 58	0.983
	项目 24	0.983	项目 62	0.984
	项目 30	0.983	项目 63	0.981
	项目 40	0.984	项目 36	0.983
	Cronbach α ＝.985			

（续表）

分量表	删除项目	删除后的 α 值	删除项目	删除后的 α 值
社交能力	项目 9	0.978	项目 60	0.976
	项目 14	0.977	项目 66	0.976
	项目 17	0.974	项目 67	0.974
	项目 25	0.977	项目 68	0.974
	项目 33	0.975	项目 69	0.977
	项目 44	0.974	项目 73	0.974
	项目 45	0.974	项目 74	0.974
	项目 56	0.971		
	Cronbach α =.979			
成就导向	项目 5	0.941	项目 37	0.937
	项目 6	0.947	项目 41	0.944
	项目 10	0.943	项目 43	0.946
	项目 15	0.941	项目 47	0.941
	项目 19	0.944	项目 55	0.939
	项目 29	0.943	项目 61	0.939
	项目 31	0.945		
	Cronbach α =.948			
学习总结能力	项目 2	0.932	项目 34	0.942
	项目 4	0.937	项目 38	0.942
	项目 8	0.934	项目 52	0.942
	项目 18	0.930	项目 54	0.931
	项目 26	0.936		
	Cronbach α =.945			
研发创新能力	项目 11	0.935	项目 53	0.943
	项目 35	0.938	项目 64	0.938
	项目 42	0.927	项目 65	0.926
	项目 49	0.938	项目 70	0.939
	Cronbach α =.944			

（续表）

分量表	删除项目	删除后的 α 值	删除项目	删除后的 α 值
竞争意识	项目 3	0.945	项目 28	0.925
	项目 7	0.923	项目 32	0.933
	项目 21	0.944		
	Cronbach α =.953			

4.2.7 效度分析

问卷的效度指的是测量的正确性，即一个测验或量表能够测量出其所要测量的东西的程度[116]。可以用来考查问卷效度的方法主要有三种，分别是内容效度、构念效度（结构效度）和效标效度。

1）内容效度

内容效度是指一个定义的内容能否都在测量中呈现出来。构念包含着想法与概念的空间，指标测量应该抽样到或包含到此空间中所有的想法。内容效度的分析方法采用逻辑分析法，请有关专家对问卷项目与原定内容范围的吻合程度进行判定。

初始问卷是在确立了研发人员胜任力要素的基础上，从关键事件访谈研究的文本和已有的胜任力词典中选择适宜的内容编写问卷项目，又邀请心理学专家、外包管理专家对项目进行评价、筛选和修改，修正了问卷的题目。通过初始数据对问卷题目进行了再次修正，这些做法保证了初始问卷具有较好的内容效度。

2）构念效度

构念效度是指实际测评结果与所建立的理论构念之间的一致性程度[117]。问卷的构念效度就是通过计算各个子量表之间的相关系数，以及各个子量表与总量表之间的相关系数作为指标来进行验证。心理测量学认为，分量表与总量表相关超过各分量表间的相关是结构效度较好的一种表现。

表 4.15　初始问卷各分量表与总量表的相关表

	总量表
FWQX	0.868**
SJNL	0.878**
CJDX	0.831**

（续表）

	总量表
XXZJ	0.535**
YFCX	0.602**
JZYS	0.342**

注：**表示 0.01 水平显著。

表 4.16　初始问卷各分量表之间的相关矩阵表

	FWQX	SJNL	CJDX	XXZJ	YFCX	JZYS	总量表
FWQX	1.000	0.726	0.606	0.372	0.409	0.224	0.868
SJNL	0.726	1.000	0.631	0.477	0.399	0.224	0.878
CJDX	0.606	0.631	1.000	0.239	0.601	0.162	0.831
XXZJ	0.372	0.477	0.239	1.000	0.334	0.335	0.535
YFCX	0.409	0.399	0.601	0.334	1.000	0.045	0.602
JZYS	0.224	0.224	0.162	0.335	0.045	1.000	0.342
总量表	0.868	0.878	0.831	0.535	0.602	0.342	1.000

从结果可知，各分量表与总量表之间的相关在 0.342～0.878 之间，各分量表之间的相关则在 0.162～0.726 之间。各分量表之间的相关系数小于各分量表与总量表之间的相关系数，可见 6 个分量表之间具有一定的相对独立性，又都与总量表高度相关。因此可认为本量表具有较好的结构效度。

3）效标效度

效标效度是指一个测量对处于特定情境中的个体行为进行预测时的有效性。效标效度是用测量分数与效标分数之间的相关系数来衡量的，因此进一步减少了由于主观判断失误而产生的偏差。根据胜任力定义，可以将研发人员绩效作为胜任力的效标，如果问卷能够将绩效优秀的研发人员与绩效平平的研发人员区分开来，那么就说明此问卷具有较好的预测效度。对绩效优异组与绩效普通组进行独立样本 T 检验，得到结果如表 4.17 所示。

表 4.17　初始问卷的效标效度

子量表	t	Sig.
FWQX	18.937	.000
SJNL	16.724	.000
CJDX	17.815	.000
XXZJ	7.252	.000
YFCX	7.933	.000
JZYS	4.639	.000

结果表明，各个子量表在绩效优异组与绩效普通组上的差异是显著的，从效标效度的角度来说，各个子量表对于绩效的区分度是显著的，问卷是有效的。

4.2.8　因子含义分析

根据因子分析的结果，各因子所含的胜任特征具有较明显的共同意义，各个因子的概括和解释如表 4.18 所示。

表 4.18　胜任力因子解释

因子	名称	定　义	胜任特征
因子 1	服务取向	关注任务需求，替客户着想，主动为客户提供服务，即使遇到困难也坚定地为客户提供最好的服务，以追求客户满意作为工作的中心任务之一	任务导向、换位思考、主动性、诚信
因子 2	社交能力	能够有效地维护和建立建设性的工作关系与合作伙伴关系，并利用自己的影响力协调处理各方面的利益与关系	关系建立与保持、沟通能力、情绪稳定性
因子 3	成就导向	个人具有成功完成任务或在工作中追求杰出表现的愿望，是取得优异绩效的核心驱动力	上进心、自信心、坚韧性
因子 4	学习总结能力	在工作中积极通过各种渠道获取与工作有关的信息和知识，并对获取的信息进行加工和理解，善于总结经验和教训，不断地更新自己的知识结构，提高自己的工作技能	学习能力、总结能力、外界信息收集处理

（续表）

因子	名称	定　　义	胜任特征
因子 5	研发创新能力	在理解任务需求后，充分运用各种的技术，善于尝试新方法和新途径，通过分析和判断来解决问题	任务需求理解能力、专业知识技术掌握和运用能力、创新能力
因子 6	竞争意识	在准确分析和认识自我的基础上，通过判断同行的竞争激烈程度，选择任务、参与竞争	竞争决策、自我定位与评估

4.3　网上创新外包研发人员胜任力模型理论框架

网上创新外包研发人员胜任力，是指在网上创新外包环境下，研发人员承接任务、完成任务并获得收入的过程中所表现出来的胜任特征，若干个相似的胜任特征可以聚合为一个胜任维度。

通过对已有文献的梳理，基于心理学理论、组织行为学理论、管理学理论、工程学理论的分析，从理论内涵的视角，探寻并构建网上创新外包研发人员胜任力模型的理论框架。

4.3.1　基于工程学视角的研发人员胜任力特征分析

工程学是指应用科学和技术的原理来解决问题的领域。在工程学中，工程师通过想象、判断和推理，将科学、技术、数学和实践经验应用到设计、制造、对象或程序的操作中。在网上创新外包环境下，研发人员相当于工程师，他们通过研发创新来解决任务发布方提出的创新难题。研发创新能力对于研发人员完成任务至关重要。

在工程学领域，研发创新能力是指利用从研究和实际经验中获得的现有知识或从外部引进新技术、新方法或新途径，为生产新的产品、装置，建立新的工艺和系统而进行实质性的改进工作的能力。根据工程学中的研发创新能力的含义，在网上创新外包环境下，研发创新能力是指在理解任务需求后，充分运用各种技术，善于尝试新方法和新途径，通过分析和判断来解决问题的能力。研发创新能力是网上创新外包研发人员应具备的一项重要的胜任力，这是由网上创新外包研发人员的工作创新性和挑战性决定的。由于研发人员面对的创新任务多种多样，创新任务和需求变化非常迅速，研发创新能力就显得更加重要。

基于工程学的视角，通过对研发创新能力理论内涵的分析，网上创新外包研发人员的研发创新能力主要表现为任务需求理解能力、专业知识技术掌握运用能力和创新能力。

曹茂兴[99]、荆琪[118]、谢屿[131]等认为任务需求理解能力是研发人员所具有的胜任特征之一。为了完成创新外包任务，研发人员需要准确理解任务要求，理解发布任务的目的，把握任务的最终效果。任务需求理解是研发工作的开始，准确的任务需求理解将能够使得研发人员快捷、高效地完成任务。

蒋敏[102]、杨丰瑞[136]、张旭娟[122]等认为专业知识技术掌握运用能力是研发人员所具有的胜任特征之一。专业知识技术掌握运用能力是指研发人员掌握并熟练运用完成任务所需要的专业知识和技术的能力。这是完成任务所需的知识技能条件，也是完成任务的保障。

吴海燕[119]、李旭升[120]、张振[121]等认为创新能力是研发人员所具有的胜任特征之一。传统意义上的创新能力是指运用知识和理论，在科学、艺术、技术和各种实践活动领域中不断提供具有经济价值、社会价值、生态价值的新思想、新理论、新方法和新发明的能力。在网上创新外包环境下，创新能力又称创意，是一种具有开创意义的活动；通过开拓认知的新领域来解决外包问题；通过尝试新方法和新途径来完成任务；通过创造或引进新的观念来解决外包难题。

4.3.2 基于组织行为学视角的研发人员胜任力特征分析

组织行为学是研究组织中人的行为与心理规律的一门科学。组织行为学认为，社会人群在相互交往的过程中，会发生、发展和确立的人与人之间心理与行为上的各种关系，较好的人际关系能够提高个体的生产效率。同样，在网上创新外包这样一个组织环境下，研发人员良好的社交能力将有助于建立良好的人际关系，进而提高外包任务绩效。组织行为学中，社交能力是指人与人交际往来的能力，是人们运用一定的工具传递信息、交流思想，以达到某种目的的社会活动能力。在网上创新外包平台上，网络的虚拟性导致双方信任的建立比较困难，在双方交往中经常会遇到各种各样的新问题，因此，在这种情况下，就需要研发人员具有较好的基于网络平台的社交能力，遇事稳重，并能够创造性地开拓工作，利用沟通协调能力与各方面建立合作共赢关系，取得对方的信任与配合，以便更好地完成外包任务。

基于组织行为学的视角，通过对社交能力理论内涵的分析，网上创新外包研发人员的社交能力主要表现为关系的建立与保持、沟通能力和情绪稳定性。

Spencer[52]、曾方芳[127]、张旭娟[122]等认为关系的建立与保持是研发人员所具有的胜任特征之一。在组织行为学领域，关系的建立与保持是指与有助于或可能有助于完成工作相关目标的人，建立并保持友善、温暖的关系或联系网络的能力。这种能力还被理解为建立网络、资源利用、开发人脉、经营人脉、对顾客的关切、建立融洽关系的能力。在网上创新外包环境下，关系的建立与保持是指利用各种机会，与任务发布方建立良好的合作关系，能够维持良好的人际关系，通过良好的任务表现赢得发布方的长期合作。关系的建立与保持有利于实现高绩效。

谢屿[131]、杭晨捷[123]、薛彦利[128]等认为沟通能力是研发人员所具有的胜任特征之一。在组织行为学领域，沟通能力包含着表达能力、争辩能力、倾听能力和设计能力。沟通能力看起来是外在的东西，而实际上是个人素质的重要体现，它关系着一个人的知识、能力和品德。在网上创新外包环境下，沟通能力是指研发人员有效地与任务发布方进行沟通的能力。良好的沟通能力有助于顺畅地交换双方的想法，有利于达成共识，有利于任务的顺利、高效完成。

刘密[124]、付华[125]、于丹[126]等认为情绪稳定性是研发人员所具有的胜任特征之一。通常来讲，情绪稳定性是指个体应对日常生活中人际关系和环境压力的能力。情绪稳定有利于关系的建立和工作的完成。由于网络环境的人员复杂性、网上外包平台的监管尚不完善，都会导致研发人员经常遇到各种影响情绪的事情。为了更好地完成外包任务，这就要求研发人员无论在什么情况下，即使情况再差也要保持良好的心态，也相信坏事情总会过去，一切都会变好，积极向上，不气馁。

4.3.3 基于心理学视角的研发人员胜任力特征分析

心理学是研究心理现象和心理规律的一门科学。心理学认为，人的心理活动能够影响人的积极性、创造性和劳动生产率。同时，心理学认为，“服务取向”心理能够显著影响服务人员的活动和行为绩效，服务取向包括服务认识、服务感受和服务行为三个层次。服务认识是对服务意义的认识，服务感受是在服务认识的基础上产生的一种内心体验，当服务认识和服务感受成为推动个人产生行为的动力时，它们便成为服务动机。服务行为是实现服务动机的手段，是一个人对服务认识的具体表现和外部标志。在网上创新外包环境下，研发人员的服务认识表现在任务导向意识，研发人员的服务感受表现在换位思考意识，研发人员的服务行为表现在主动性和诚信方面。

学术界经常引用美国塔尔萨州立大学赫根教授等人提出的“服务取向”定义，它是指员工乐于助人，愿意为他人着想，善于与他人合作的性格倾向，主要包含情感成分。另一个是美国学者萨克斯和威兹提出，服务取向是指销售人员努力帮助客人做出正确的购买决策，从长远角度关注客人满意度，而不是仅着眼于达成目前的交易。有些学者认为服务取向反映了服务人员能够满足客人需要的能力，服务人员的自我效能感是服务取向概念最重要的组成成分；同时服务导向还与员工的道德观念和价值观念相关。在网上创新外包环境下，研发人员提供的服务就是关注任务要求，替发布方着想，主动为任务发布方提供服务，以追求任务发布方满意作为工作的中心任务之一，对于任务和客户有高度的责任感，对于承接的任务和设定的任务目标尽全力完成。

基于心理学的视角，通过对服务取向理论内涵的分析，网上创新外包研发人员的服务取向表现为任务导向、换位思考、主动性和诚信。

Spencer[52]、曾方芳[127]、徐芳[98]等认为任务导向是研发人员所具有的胜任特征之一。文献认为，任务导向是研发人员按照任务要求来完成任务，以满足客户需求为目的，按照客户需求采取行动，良好的任务导向有利于产生高绩效。

薛彦利[128]、Spencer[52]、曾方芳[127]等认为换位思考是研发人员所具有的胜任特征之一。在网上创新外包环境下，研发人员需要站在客户的角度和立场上，客观地理解客户的内心感受，以便更好地完成任务，有利于产生高绩效。

潘文安[129]、赵西萍[130]、谢屿[131]等认为主动性是研发人员所具有的胜任特征之一。在管理学领域，主动性是指个体按照自己规定或设置的目标行动，而不依赖外力推动的行为品质。对于一个员工来说，重点在于采取行动，主动性的意义是指在没有人要求的情况下，超乎工作预期和原有需要层级的努力，这些付出可以提高效益，以及避免问题的发生，或创造新的机会。在网上创新外包环境下，主动性是指研发人员面对任务，主动采取行动或创造机会；主动与客户沟通、主动解决客户问题、主动提供合理化建议和意见。

谢屿[131]、李天太[132]、王丹[133]等认为诚信是研发人员所具有的胜任特征之一。从道德范畴来讲，诚信即待人处事真诚、老实、讲信誉，言必行、行必果，一言九鼎，一诺千金。诚信要求人们在各种情况下，讲究信用，恪守诺言，诚实不欺，在不损害他人利益和社会利益的前提下追求自己的利益。在网上创新外包环境下，研发人员的所有行为过程都会被网上创新外包平台记录下来，网络的虚拟性决定了建立信任的难度，这就要求研发人员更要珍惜自己的诚信记录，待人处事真诚，对于任务、客户有高度的责任感；把完成任务作为自己的目标；勇于对于设定的任务目标承担个人相应的责任。研发人员的诚信水平将对于自身的信誉产生深远的影响。

心理学认为，认知能力是指人脑加工、储存和提取信息的能力，即人们对事物的构成、性能、发展方向以及基本规律的把握能力，它是人们成功地完成活动最重要的心理条件。在网上创新外包环境下，研发人员的认知能力主要表现为学习总结能力。

在心理学领域，学习总结能力一般是指人们在正式学习或非正式学习环境下，自我求知、做事、总结、发展的能力。网上创新外包研发人员的工作依靠的正是其自身精深的专业知识及专业技能，研发人员不仅要求接受过系统完整的专业知识学习，而且还需在工作中不断地总结经验、积累经验并领悟提升。唯有如此，研发人员才能凭借特定的技术和经验担当起艰巨的网上创新外包工作。

基于心理学的视角，通过对学习总结能力理论内涵的分析，网上创新外包研发人员的学习总结能力表现为学习能力、总结能力和外界信息收集处理能力。

周二华[134]、张凤霞[137]、薛彦利[128]等认为学习能力是研发人员所具有的胜任特征之一。在心理学领域，学习能力是指把知识资源转化为知识资本的能力。个人的学习能力，不仅包含知识总量，即个人学习内容的宽广程度，也包含知识质量，即个人的综合素质、学习效率和学习品质，还包含学习流量，即学习的速度及吸纳和扩充知识的能力，更重要的是看知识增量，即学习成果的创新程度以及个人把知识转化为价值的程度。为了适应网上外包的快速发展，为了增强自身的优势，研发人员需要积极获取和理解相关知识，不断更新自己的知识结构，提高自己的工作技能。

于建军[100]、余绚波[135]、张凤霞[137]等认为总结能力是研发人员所具有的胜任特征之一。在心理学领域，总结能力是指人对事物进行剖析、分辨、提炼并得出经验教训，总结规律性的东西。在网上创新外包环境下，研发人员的总结能力体现在对于以往成功的任务总结经验，对于以往失败的任务总结教训，进而实现逐步提高自身胜任力的目的。

Spencer[52]、徐芳[98]、余绚波[135]等认为外界信息收集处理能力是研发人员所具有的胜任特征之一。在网上创新外包环境下，研发人员在完成任务的过程中，经常会碰到新情况、新问题，需要研发人员充分利用外界有用信息，积极努力从外部去获取有用信息，并对原始信息进行处理为自己使用。研发人员的外界信息收集处理能力对于外包任务绩效具有显著影响。

在心理学领域，人的心理活动对于工作的积极性、努力程度和工作绩效影响很大，成就导向是指为自己及所管理的组织设立目标，提高工作效率和绩效的动机与愿望。在网上创新外包环境下，上进心体现研发人员期望取得杰出表现或达到优秀标准的愿望,自信心是研发人员对于完成任务充满信心的理念,坚韧性体现研发人员为了实现目标坚持不懈的品质。

基于心理学的视角,通过对成就导向理论内涵的分析,网上创新外包研发人员的成就导向表现为上进心、自信心和坚韧性。

Wu Wei-Wen[101]、蒋敏[102]、杨丰瑞[136]等认为上进心是研发人员所具有的胜任特征之一。在网上创新外包环境下,上进心表现为不满足于当前所能承接的任务水平和规模,对成功具有强烈的渴求;为了实现自己的价值,总是设定较高目标并努力完成更高层次的任务。

徐芳[98]、蒋敏[102]、杨丰瑞[136]等认为自信心是研发人员所具有的胜任特征之一。在心理学领域,自信心是指不断地超越自己,产生一种来源于内心深处的最强大力量的过程。在网上创新外包环境下,自信心是指经常轻松解决各种任务难题,对于某领域的任务充满信心。

于建军[100]、赵西萍[130]、张凤霞[137]等认为坚韧性是研发人员所具有的胜任特征之一。在心理学领域,坚韧性是指一个人以坚韧不拔的毅力、顽强不屈的精神,克服一切去执行决定,在任务困难面前或威胁利诱面前都毫不动摇,坚持不懈地去实现既定目标。在网上创新外包的过程中,经常出现多次修改后,客户仍然不满意,高绩效研发人员往往能够继续坚持修改,直到客户满意为止。

基于心理学的视角,网上创新外包研发人员的服务取向表现为任务导向、换位思考、主动性和诚信;学习总结能力表现为学习能力、总结能力和外界信息收集处理能力;成就导向表现为上进心、自信心和坚韧性。

4.3.4 基于管理学视角的研发人员胜任力特征分析

管理学认为,在现代市场经济条件下,管理者应具备竞争意识。在管理学领域,竞争意识是指个人或团体之间力求压倒或胜过对方的一种心理状态,它能使人精神振奋,努力进取,促进事业的发展,它是现代社会中个人、团体乃至国家发展过程中不可缺少的心态。在网上创新外包环境中,研发人员之间存在竞争关系,由于同时存在很多网上创新任务,而研发人员本身的时间和精力是有限的,这就需要研发人员具有竞争意识,即在认清自我能力的同时,善于根据任务奖金额度和难易程度来判断任务竞争的激烈程度来决定是否参与任务。

基于管理学的视角,通过对竞争意识理论内涵的分析,鉴于网上创新外包环境的特殊性,网上创新外包研发人员的竞争意识主要表现为竞争决策和自我定位与评估。

陈云川[138]、林日团[139]、赵曙明[72]等认为决策能力是管理人员的胜任特征之一。在网上创新外包环境中，研发人员的决策能力是指通过判断任务竞争激烈程度，选择任务、参与竞争，我们将这种决策命名为竞争决策。良好的竞争决策将会使得研发人员的绩效事半功倍，本书中将竞争决策作为网上创新外包研发人员的胜任特征之一。

刘爱君[140]、薛彦利[128]、于丹[126]等认为自我定位与评估是研发人员所具有的胜任特征之一。已有研究认为，自我定位是自我意识的认知成分，它是自我意识的首要成分，也是自我调节控制的心理基础，它又包括自我感觉、自我概念、自我观察、自我分析和自我评估。自我评估是对自己能力、品德、行为等方面社会价值的评估，它最能代表一个人自我认识的水平。在网上创新外包环境中，研发人员需要有自知之明，了解自己的能力，准确分析和认识自我，知道适合自己的任务类型或规模，能够根据自己的能力选择适合自己的任务。

4.4 研发人员胜任力模型构建

基于实证研究结果与理论研究论证，构建网上创新外包研发人员胜任力模型。

在实证研究方面，通过初始问卷探索性因子分析，得出网上创新外包研发人员胜任力表现为6个维度18个胜任特征。

在理论研究方面，通过已有文献的梳理，基于心理学理论、组织行为学理论、管理学理论、工程学理论的分析，从理论内涵的视角，探寻并构建网上创新外包研发人员胜任力模型的理论框架。

通过实证分析与理论研究论证，本书建立网上创新外包环境下的研发人员胜任力模型，该模型由三个层次构成，第一层为研发人员的具体胜任力特征；第二层为第一层胜任力特征的提炼，表现为六个的胜任力维度；第三层为第二层的综合，表现为研发人员的综合胜任力。网上创新外包研发人员胜任力模型如图4.1。

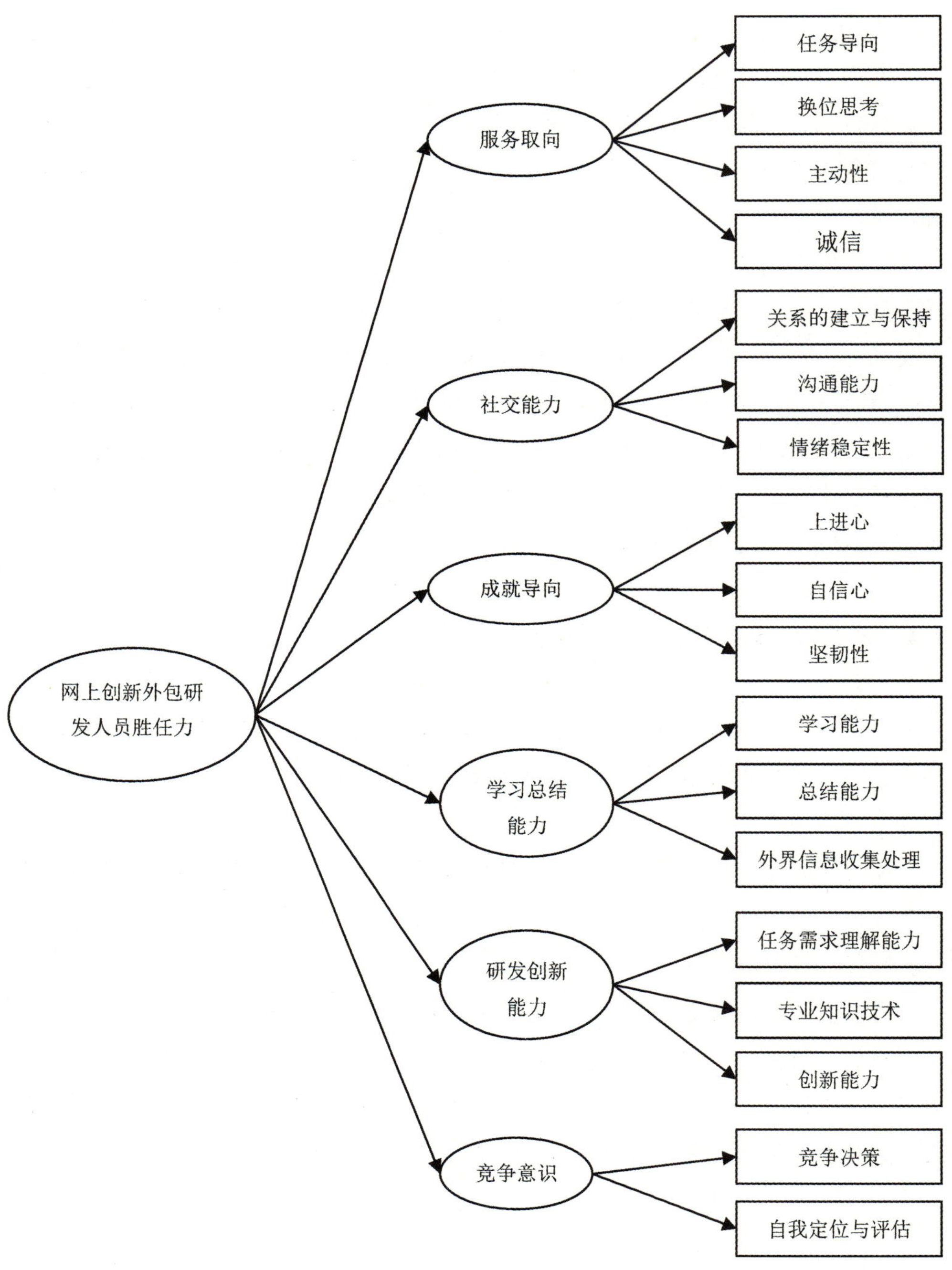

图 4.1　网上创新外包研发人员胜任力模型

网上创新外包研发人员胜任力模型因子定义说明如下。

1）因子一：服务取向

定义：关注任务需求，替客户着想，主动为客户提供服务，即使遇到困难也坚定地为客户提供最好的服务，以追求客户满意作为工作的中心任务之一。

内涵说明：对于任务发布方而言，研发人员是服务者，为了完成任务获得报酬，研发人员需要从客户的角度考虑问题，以满足任务需求为目的，主动与客户沟通协作，只要承接的任务就会全力做好。这项能力包括：

（1）任务导向：按照任务需求来完成任务；以满足任务需求为目的，按照任务需求采取行动。

（2）换位思考：站在客户的角度和位置上，客观地理解客户的内心感受。

（3）主动性：面对任务，主动采取行动或创造机会；主动与客户沟通、主动解决客户问题、主动提供合理化建议和意见。

（4）诚信：待人处事真诚、讲信誉，言必信、行必果；对于任务、客户有高度的责任感；把完成任务作为自己的目标；勇于对设定的任务目标承担个人相应的责任。

2）因子二：社交能力

定义：社会交际能力，能够有效维护和建立建设性的工作关系与合作伙伴关系，并利用自己的影响力协调处理各方面的利益与关系。

内涵说明：网络的虚拟性导致双方信任的建立较困难，网上创新外包作为新兴事物，在双方交往中经常会遇到各种各样的新问题，因此，在这种情况下，就需要遇事稳重，并能够创造性地开拓工作，利用沟通协调能力与各方面建立合作共赢，取得对方信任与配合，以便更好地完成外包任务。这项能力包括：

（1）关系的建立与保持：利用各种机会，与任务发布方建立良好的合作关系；能够维持良好的人际关系；通过良好的任务表现赢得发布方的长期合作。

（2）沟通能力：在网上环境下与对方有效地进行沟通的能力。

（3）情绪稳定：无论在什么情况下，即使再差也保持良好的心态，也相信坏事情总会过去，一切都会变好；积极向上；不气馁。

3）因子三：成就导向

定义：个人具有成功完成任务或在工作中追求杰出表现的愿望，是取得优异绩效的核心驱动力。

内涵说明：成就导向是个人通向更高目标的保证，强烈的成就导向是个人获取优异绩效的动力和源泉。成就导向是期望取得杰出表现或达到优秀标准的愿望，是乐于接受创造性的、有挑战工作的精神，为提升个人业绩奠定了基础。这项能力包括：

（1）上进心：不满足于现状，对成功具有强烈的渴求；为了实现自己的价值，总是设定较高目标并努力完成任务。

（2）自信心：对于在网上完成任务并获得报酬充满信心。

（3）坚韧性：在条件不利的情况下，克服困难，完成任务。在网上创新外包的过程中，经常出现在多次修改后，客户仍然不满意，高绩效研发人员往往能够继续坚持修改，直到客户满意为止。

4）因子四：学习总结能力

定义：在工作过程中积极通过各种渠道获取与工作有关的信息和知识，并对获取的信息进行加工和理解，善于总结经验和教训，从而不断地更新自己的知识结构，提高自己的工作技能。

内涵说明：网上创新外包研发人员的工作依靠的正是其自身精深的专业知识及专业技能。对于网上创新外包研发人员，不仅要求接受过系统完整的专业知识的学习，而且还需在工作中不断地总结经验、积累经验并领悟提升。唯有如此，研发人员才能凭借特定的技术和经验担当起艰巨的网上创新外包工作。这项能力包括：

（1）学习能力：积极获取和理解相关知识，不断更新自己的知识结构，提高自己的工作技能；对事物具有较强的好奇心，希望对事物有比较深入的理解；善于利用一切可能的机会获取对工作有帮助的知识。

（2）总结能力：对于以往成功的任务总结经验；对于以往失败的任务总结教训。

（3）外界信息收集处理：在完成任务的过程中，积极努力从外部去索取有用信息，并对原始信息进行处理为自己使用。

5）因子五：研发创新能力

定义：在理解任务需求后，充分运用各种技术，善于尝试新方法和新途径，通过分析和判断来解决问题。

内涵说明：研发创新能力是网上创新外包研发人员应具备的一项特殊的胜任力，是由网上创新外包研发人员的工作创新性和挑战性决定的。由于研发人员面对的创新任务多种多样，创新任务和需求变化非常迅速，尤其需要研发创新能力。这项能力包括：

（1）任务需求理解能力：准确理解任务要求，理解发布任务的目的，把握任务的最终效果。

(2) 专业知识技术掌握和运用能力:掌握并熟练运用完成任务所需要的专业知识和技术。

(3) 创新能力:又称创意,是一种具有开创意义的活动;通过开拓认知的新领域来解决问题;通过尝试新方法和新途径来解决问题;通过创造或引进新的观念来解决问题。

6) 因子六:竞争意识

定义:在准确分析和认识自我的基础上,通过判断同行竞争的激烈程度,选择任务、参与竞争。

内涵说明:由于同时存在成百上千的网上创新任务,而研发人员本身的时间和精力是有限的,这就需要研发人员在认清自我能力的同时,善于根据任务奖金额度和难易程度来判断任务竞争的激烈程度,以决定是否参与任务。

(1) 竞争决策:通过判断任务竞争的激烈程度,选择任务、参与竞争。

(2) 自我定位与评估:有自知之明,了解自己的能力,准确分析和认识自我,知道适合自己的任务类型或规模,能够根据自己的能力选择适合自己的任务。

4.5 本章小结

本章将实证分析和理论分析相结合,构建网上创新外包研发人员胜任力模型。

在网上创新外包环境下,相对任务而言,网上创新外包人员是研发人员;相对发包方而言,网上创新外包研发人员是服务人员;相对其他网上创新外包研发人员而言,研发人员是竞争者。本书综合分析了已有研究成果中的胜任特征,参考了Hay/McBer公司分级素质词典中的通用核心胜任力特征、Maurer和Tarulli研究中曾经使用过的KSAO清单、大五人格因素模型中的人格分类、Hartman性格素描档案中的人格词汇,将搜集到的所有胜任特征汇总,尽量去掉那些重复和定义模糊不清的内容,结合网上创新外包环境下研发人员的工作特点,最后归纳总结出《基本胜任特征表》。

关键事件访谈法较之行为事件访谈法采集样本不需太大,涵盖范围广,能抓住那些非常规的、非例行的关键行为;对于访谈人员无需专业训练,只要事先经过培训即可。结合网上创新外包的实际特点,研发人员分散,无法聚集在一起,与研发人员很难见面沟通,所以在本研究中采用了关键事件访谈技术采集数据。基于关键事件访谈法和问卷调查法的研究途径更适合本研究的实际问题。

按照《研发人员访谈提纲》,对访谈对象实施关键事件访谈并录音。事前预约后,在访谈对象方便的时间实施访谈。访谈中,首先介绍访谈目的和访谈主要内容,并请其访谈对象决定是否接受访谈并授权录音。然后请访谈对象回忆在网上创新外包平台上完成任务的过程中曾经发生的、印象深刻的四件事件,包含两件成功、出色的事件和两件失败、遗憾的事件。

以 20 份访谈材料为内容分析文本,以语句作为内容分析单元,采用相对较为灵活、有效的单重归类法进行内容分析。内容分析后总共得到 18 项胜任特征,对于每个胜任特征,根据访谈文本中的描述和行为表现进行总结和解释。由此得到关于网上创新外包研发人员的 18 个胜任特征:沟通能力、任务需求分析理解、任务导向、专业知识与技术、坚韧性、诚信、学习能力、自信心、创新能力、自我定位与自我评估、总结能力、外界信息收集与处理、情绪稳定、关系建立与关系保持、换位思考、主动性、竞争决策和上进心。

把每一项胜任特征相应的行为表现转化成描述性的行为测量的题目,让每一个行为测量题目只反映一个具体行为,为开发胜任力测量问卷服务。经过统一分析筛选、归纳和修改总共得到 116 项行为测量题目,然后根据行为测量题目在所有访谈文本中出现的频次统计结果,总结出频次较高的 79 项行为测量题目。邀请了 12 名专家学者以及有多年实践经验的网上创新外包研发人员进行了两次正式的讨论,反复修改和讨论问卷中的题目,从 79 项行为题目中挑选出与网上创新外包工作最相关的行为,同时结合每一项行为出现的频数,共保留了 74 项行为题目,保证题目中的用词准确、语义清晰。最后生成了基于行为描述的 74 项题目的初始胜任力测量问卷。

初始问卷的受试者为猪八戒网站的研发人员,猪八戒网站是国内著名的网上创新外包网站。随机选择 220 名研发人员作为问卷发放对象,同时承诺在问卷回收后,只要问卷合格就给予一定的报酬。我们对回收问卷进行验收,将验收结果转告猪八戒网站,网站将报酬支付给合格的问卷填写者。共发放问卷 220 份,去除没有回收的问卷及无效问卷 23 份,收回有效问卷 197 份,有效问卷回收率达到 89.5%。

以 197 名被调查对象的问卷结果为基础,通过内部一致性分析法和分组法进行项目区分度分析。采用主成分分析法估计因子负荷量。对初始问卷数据进行因子分析,采取主成分分析(PCA),并采用方差极大正交旋转(varimax),提取的标准为特征值大于 1,因子提取数量不限定。在剩余 66 个项目的因子负载值均大于 0.30,最终提取出 6 个因子。多次因素分析旋转后的总方差解释表提供了各个因子的特征值及其贡献率。数据表明,6 个因子累积变异解释率为 77.728%。

根据问卷项目的具体内容,对各个因子进行命名。6 个因子命名为服务取向、社交能力、成就导向、学习总结能力、研发创新能力和竞争意识。

本研究采用 Cronbach α 一致性系数来考察量表的同质性信度。总量表的 Cronbach α 系数达到 0.988,说明总量表具有良好的一致性,分量表的 Cronbach α 系数从 0.944 到 0.985,各个分量表的信度水平都较高。

通过对初始问卷的分析,得出 6 个因子,每个因子所包含的胜任特征构成一个维度,为了使后继的研究顺利进行,需要对每个维度的信度分别进行分析,估算信度系数。在各个维度中,若删除其中任一题该层面的信度都会降低,表示各分层面的信度良好。分别使用内容效度、构念效度(结构效度)和效标效度考查问卷效度。最后,通过初始问卷的探索性因子分析,得出研发人员胜任力的 6 个因子和 18 项胜任特征。

网上创新外包研发人员胜任力,是指在网上创新外包环境下,研发人员承接任务、完成任务并获得收入的过程中所表现出来的胜任特征,若干个相似的胜任特征可以聚合为一个胜任维度。通过对已有文献的梳理,基于心理学理论、组织行为学理论、管理学理论、工程学理论的分析,从理论内涵的视角,探寻并构建网上创新外包研发人员胜任力模型的理论框架。

基于工程学的视角,通过对研发创新能力理论内涵的分析,网上创新外包研发人员的研发创新能力主要表现为任务需求理解能力、专业知识技术掌握运用能力和创新能力。

基于组织行为学的视角,通过对社交能力理论内涵的分析,网上创新外包研发人员的社交能力主要表现为关系的建立与保持、沟通能力和情绪稳定性。

基于心理学的视角,网上创新外包研发人员的服务取向表现为任务导向、换位思考、主动性和诚信;学习总结能力表现为学习能力、总结能力和外界信息收集处理能力;成就导向表现为上进心、自信心和坚韧性。

基于管理学的视角,通过对竞争意识理论内涵的分析,鉴于网上创新外包环境的特殊性,网上创新外包研发人员的竞争意识主要表现为竞争决策和自我定位与评估。

通过实证分析与理论研究论证,本书建立网上创新外包环境下的研发人员胜任力模型，该模型由三个层次构成，第一层为研发人员的具体胜任力特征；第二层为第一层胜任力特征的提炼，表现为六个的胜任力维度；第三层为第二层的综合，表现为研发人员的综合胜任力。

该模型由 6 个维度 18 项胜任特征构成，这 6 个维度为：服务取向、社交能力、成就导向、学习总结能力、研发创新能力和竞争意识；服务取向维度包括任务导向、换位思考、主动性和诚信；社交能力维度包括关系的建立与保持、沟通能力和情绪稳定性；成就导向维度包括上进心、自信心和坚韧性；学习总结能力维度包括学习能力、总结能力和外界信息收集处理能力；研发创新能力维度包括任务需求理解能力、专业知识技术掌握和运用能力、创新能力；竞争意识维度包括竞争决策、自我定位与评估。

第 5 章

网上创新外包环境下的研发人员胜任力模型验证

基于上一章构建的网上创新外包研发人员胜任力模型，编制正式的调查问卷，进行正式的问卷调查，通过信度检验、效度检验以及验证性因子分析检验胜任力模型，并对胜任力模型结构进行分析。

5.1 正式问卷生成

在初始问卷探索性因子分析结果的基础上，最后确定 66 个问卷项目，作为网上创新外包研发人员胜任力调查的正式问卷。正式问卷详见附录三。

第一部分为关于网上创新外包研发人员的胜任力特征调查，包括服务取向、社交能力、成就导向、学习总结能力、研发创新能力和竞争意识六个方面。要求受试者根据自己的在网上创新外包环境下的实际情况和理解，选择对于每一个行为描述与自己的符合程度。采用里克特行为五等级评定法，第一个选项框表示“非常不符合”，对应量表值为 1；第二个选项框表示“不太符合”，对应量表值为 2；第三个选项框表示“不确定”，对应量表值为 3；第四个选项框表示“比较符合”，对应量表值为 4；第五个选项框表示“非常符合”，对应量表值为 5。五个选项框表示五种符合程度，越往后表示越符合。第二部分为个人信息调查，包括受试者的性别、学历、年龄、行业、从业年限等。

正式问卷的受试者为猪八戒网站的研发人员。在当前的网上外包环境下，大部分任务发布方对于参与任务的研发人员并不了解，所以不选择任务发布方作为问卷发放对象。本次问卷的发放工作得到了猪八戒网站的支持，猪八戒网站在其注册会员中，随机选择 300 名研发人员作为问卷发放对象，同时承诺在问卷回收后，问卷合格者会得到一定的报酬。我们对回收问卷进行验收，将验收结果转告猪八戒网站，网站将报酬支付给合格的问卷填写者。发放问卷 300 份，去除没有回收的问卷及无效问卷 51 份，收回有效问卷 249 份，有效问卷回收率达到 83.0%。其中，男性 120 名，女性 129 名；设计类研发人员 84 名，开发类研发人员 83 名，文案类研发人员 82 名。使用的统计分析工具为 SPSS 12.0 和 Lisrel 8.7。

5.2 正式问卷分析

5.2.1 因子分析

对 249 名受试者的数据进行 Bartlett 球形检验，并进行取样适当性检验，计算 Kaiser-Meyer-Olkin (KMO)值[141]。结果表明，样本适当性系数 KMO 的指标为 0.985，表明问卷各个项目间的相关程度无太大差异，数据非常适合做因子分析；Bartlett 球形检验的近似卡方值 4 738.797(自由度为 2 145)，相伴概率为 0.000，小于 0.05，检验值达到极其显著的水平，球形假设被拒绝，表明问卷项目间并非独立，且取值是有效的。指标的结果都说明数据取样适当，可以进行因子分析。

表 5.1 正式问卷 KMO 和 Bartlett 检验

Kaiser-Meyer-Olkin Measure of Sampling Adequacy.		.985
Bartlett's Test of Sphericity	Approx. Chi-Square	4 738.797
	d*f*	2145
	Sig.	.000

对预测数据进行因子分析。66 个项目中没有负荷较小(小于 0.30)和共同度较小 (小于 0.20)的项目，所以 66 个项目均保留。对 66 个项目进行方差主成分分析(PCA)，提取最大因子，并采用方差极大正交旋转(Varimax)，提取的标准为特征值大于 1，因子提取数量不限定。最终提取六个因子，累积变异解释率为 76.115%，正式问卷总方差如表 5.2。

66 个项目在六个因子上的负荷情况见表 5.3，分析后发现，正式问卷的因子分析结果与初始问卷的探索性因子分析结果相一致，正式问卷因子分析同样得到 6 个维度 18 个胜任特征。

表 5.2　正式问卷总方差表

	Initial Eigenvalues			Extraction Sums of Squared Loadings			Rotation Sums of Squared Loadings		
	Total	% of Variance	Cumulative %	Total	% of Variance	Cumulative %	Total	% of Variance	Cumulative %
1	28.937	43.844	43.844	28.937	43.844	43.844	13.380	20.272	20.272
2	7.771	11.774	55.618	7.771	11.774	55.618	11.189	16.953	37.225
3	4.564	6.915	62.533	4.564	6.915	62.533	7.930	12.015	49.240
4	3.778	5.724	68.257	3.778	5.724	68.257	7.118	10.785	60.025
5	3.023	4.581	72.837	3.023	4.581	72.837	6.266	9.493	69.519
6	2.163	3.278	76.115	2.163	3.278	76.115	4.353	6.596	76.115
7	1.000	1.515	77.629						
8	.947	1.434	79.064						
9	.899	1.363	80.426						
10	.845	1.280	81.706						
11	.827	1.253	82.959						
12	.738	1.118	84.077						
13	.727	1.102	85.179						
14	.706	1.069	86.248						
15	.641	.972	87.220						
16	.610	.924	88.144						
17	.584	.885	89.029						
18	.564	.854	89.883						
19	.507	.768	90.651						
20	.498	.755	91.407						
21	.474	.718	92.125						
22	.456	.691	92.816						
23	.436	.660	93.476						
24	.380	.575	94.051						
25	.363	.550	94.601						
26	.358	.543	95.144						
27	.348	.527	95.671						
28	.312	.472	96.144						
29	.252	.382	96.525						

（续表）

	Initial Eigenvalues			Extraction Sums of Squared Loadings			Rotation Sums of Squared Loadings		
	Total	% of Variance	Cumulative %	Total	% of Variance	Cumulative %	Total	% of Variance	Cumulative %
30	.242	.366	96.891						
31	.232	.352	97.243						
32	.213	.323	97.566						
33	.167	.252	97.818						
34	.162	.245	98.064						
35	.143	.216	98.280						
36	.132	.200	98.479						
37	.084	.127	98.606						
38	.075	.114	98.720						
39	.068	.103	98.823						
40	.060	.091	98.913						
41	.055	.083	98.996						
42	.051	.077	99.073						
43	.048	.072	99.145						
44	.045	.069	99.214						
45	.043	.065	99.280						
46	.040	.061	99.340						
47	.039	.059	99.399						
48	.035	.053	99.453						
49	.032	.049	99.502						
50	.030	.046	99.548						
51	.030	.045	99.593						
52	.027	.041	99.634						
53	.025	.038	99.672						
54	.025	.037	99.710						
55	.023	.035	99.745						
56	.022	.033	99.778						
57	.021	.031	99.810						
58	.020	.030	99.840						
59	.018	.028	99.868						

（续表）

	Initial Eigenvalues			Extraction Sums of Squared Loadings			Rotation Sums of Squared Loadings		
	Total	% of Variance	Cumulative %	Total	% of Variance	Cumulative %	Total	% of Variance	Cumulative %
60	.017	.026	99.894						
61	.016	.024	99.917						
62	.015	.022	99.940						
63	.013	.019	99.959						
64	.012	.019	99.977						
65	.009	.014	99.992						
66	.005	.008	100.000						

表 5.3　正式问卷主成分提取结果

	Component					
	1	2	3	4	5	6
项目 16	.878					
项目 42	.864					
项目 27	.864					
项目 22	.861					
项目 53	.857					
项目 12	.851					
项目 52	.848					
项目 33	.845					
项目 1	.841					
项目 45	.840					
项目 56	.822					
项目 46	.781					
项目 21	.738					

（续表）

	Component					
	1	2	3	4	5	6
项目 57	.734					
项目 36	.699					
项目 13	.588					
项目 62		.865				
项目 40		.864				
项目 41		.863				
项目 17		.847				
项目 66		.846				
项目 65		.841				
项目 61		.833				
项目 30		.794				
项目 60		.733				
项目 23		.717				
项目 54		.676				
项目 9		.666				
项目 51		.665				
项目 63		.611				
项目 14		.466				
项目 34			.858			
项目 55			.732			
项目 5			.729			
项目 50			.728			
项目 15			.712			
项目 43			.670			
项目 26			.659			
项目 10			.630			
项目 39			.588			

（续表）

	Component					
	1	2	3	4	5	6
项目 6			.566			
项目 28			.557			
项目 37			.506			
项目 19			.498			
项目 18				.919		
项目 49				.900		
项目 2				.885		
项目 8				.882		
项目 24				.847		
项目 47				.783		
项目 31				.734		
项目 35				.705		
项目 4				.515		
项目 38					.860	
项目 11					.859	
项目 59					.855	
项目 32					.830	
项目 64					.825	
项目 44					.739	
项目 48					.628	
项目 58					.572	
项目 7						.942
项目 25						.928
项目 29						.925
项目 3						.796
项目 20						.792

5.2.2 信度检验

总量表和分量表的 Cronbach α 一致性系数如表 5.4。

表 5.4 总量表和分量表的 Cronbach α 系数

	Cronbach α 系数
总量表	.985
服务取向分量表	.984
社交能力分量表	.976
成就导向分量表	.940
学习总结能力分量表	.938
研发创新能力分量表	.936
竞争意识分量表	.947

Cronbach α 系数从 0.936 到 0.985，总的来说这样的信度水平是较好的。通过对正式问卷的分析，得出 6 个因子，每个因子所包含的胜任力特征构成一个维度。对每个维度的信度分别进行分析，估算信度系数。数据结果表明，在各个维度中，若删除其中任一题，该层面的信度都会降低，表示各分层面的信度良好。

表 5.5 分量表信度分析

分量表	删除项目	删除后的 α 值	删除项目	删除后的 α
服务取向	项目 1	0.982	项目 36	0.981
	项目 12	0.982	项目 42	0.982
	项目 13	0.983	项目 45	0.982
	项目 16	0.982	项目 46	0.981
	项目 21	0.983	项目 52	0.982
	项目 22	0.982	项目 53	0.982
	项目 27	0.982	项目 56	0.982
	项目 33	0.982	项目 57	0.983
	Cronbach α ＝.984			

（续表）

分量表	删除项目	删除后的 α 值	删除项目	删除后的 α
社交能力	项目 9	0.975	项目 54	0.974
	项目 14	0.975	项目 60	0.975
	项目 17	0.973	项目 61	0.973
	项目 23	0.975	项目 62	0.973
	项目 30	0.973	项目 63	0.971
	项目 40	0.973	项目 65	0.973
	项目 41	0.973	项目 66	0.973
	项目 51	0.972		
	Cronbach α =.976			
成就导向	项目 5	0.934	项目 34	0.929
	项目 6	0.939	项目 37	0.937
	项目 10	0.936	项目 39	0.938
	项目 15	0.935	项目 43	0.934
	项目 19	0.937	项目 50	0.932
	项目 26	0.936	项目 55	0.932
	项目 28	0.938		
	Cronbach α =.940			
学习总结能力	项目 2	0.924	项目 31	0.935
	项目 4	0.928	项目 35	0.933
	项目 8	0.926	项目 47	0.936
	项目 18	0.922	项目 49	0.922
	项目 24	0.929		
	Cronbach α =.938			
研发创新能力	项目 11	0.925	项目 48	0.926
	项目 32	0.929	项目 58	0.929
	项目 38	0.916	项目 59	0.914
	项目 44	0.929	项目 64	0.928
	Cronbach α =.936			

（续表）

分量表	删除项目	删除后的 α 值	删除项目	删除后的 α
竞争意识	项目 3	0.938	项目 25	0.920
	项目 7	0.914	项目 29	0.922
	项目 20	0.938		
	Cronbach α ＝.947			

5.2.3 效度检验

分别从内容效度、构念效度（结构效度）和效标效度来考查问卷效度。

正式问卷建立在对初始问卷进行探索性分析的基础上，经过对初始问卷评价、筛选和多次修正，保证了修正后的正式问卷具有较好的内容效度。

各分量表之间、分量表与总量表之间的相关矩阵表如表 5.6。

表 5.6　分量表与总量表之间的相关矩阵

	FWQX	SJNL	CJDX	XXZJ	YFCX	JZYS	总量表
FWQX	1.000	0.721	0.622	0.351	0.392	0.275	0.870
SJNL	0.721	1.000	0.621	0.453	0.380	0.259	0.872
CJDX	0.622	0.621	1.000	0.224	0.545	0.205	0.833
XXZJ	0.351	0.453	0.224	1.000	0.047	0.300	0.520
YFCX	0.392	0.380	0.545	0.047	1.000	0.020	0.591
JZYS	0.275	0.259	0.205	0.300	0.020	1.000	0.386
总量表	0.870	0.872	0.833	0.520	0.591	0.386	1.000

各分量表之间的相关小于各分量表与总量表之间的相关，可见 6 个分量表之间具有一定的相对独立性，又都与总量表分数高度相关。因此可认为本量表具有较好的结构效度。

对绩效优异组与绩效普通组进行独立样本 T 检验，得到结果如表 5.7。

表 5.7　正式问卷的效标效度

子量表	t	Sig.
FWQX	19.887	.000
SJNL	18.875	.000

（续表）

子量表	t	Sig.
CJDX	18.197	.000
XXZJ	7.763	.000
YFCX	9.233	.000
JZYS	5.703	.000

结果表明，各个子量表在绩效优异组与绩效普通组上的差异是显著的，从效标效度的角度来说，各个子量表对于绩效的区分度是显著的，问卷是有效的。

5.3　结构方程模型

结构方程模型（Structural Equation Modeling，简称 SEM）是一种线性统计建模技术，它能够同时处理潜变量及其指标，也容许自变量和因变量均含有测量误差，还能同时处理多个因变量、估计因子结构与因子关系、估计整个模型的拟合程度，目前已经成为多变量分析的重要方法。

结构方程模型通过寻找变量间的关系，来验证可能存在的某种内在结构关系或模型的假设是否合理，以及所建模型是否正确。验证性因子分析（Confirmatory Factor Analysis，CFA）是对潜变量和观测变量的关系做出假设并对这种假设的合理性进行验证的统计方法，用于检验理论模型的多维结构。本章就采用验证性因子分析检验第 4 章构建的网上创新外包研发人员胜任力模型。

5.3.1　结构方程模型的基本概念

（1）观测变量：又被称为显变量，是指可以直接进行观测的变量。

（2）潜在变量：不可直接进行观测，但可以被显变量反映的变量。

（3）内生变量：受系统影响且具有测量误差的变量，既包括潜在变量，也包括显变量。

（4）外生变量：影响系统且不具有测量误差的变量，既包括潜在变量，也包括显变量。

结构方程模型假定一组潜在变量之间存在因果关系，潜在变量可以分别用一组显变量表示，是某几个观测变量的线性组合。通过验证观测变量之间的协方差状况，进而在统计上检验所假设的模型对所研究的过程是否合适，如果证实所假设的模型合适，就可以说假设中提出的潜变量之间的关系是合理的。

5.3.2 结构方程模型的基本原理

结构方程模型包含两个模型：测量模型和结构模型。

测量模型表示的是潜在变量与观测变量之间的关系。测量模型包含以下两个方程式：

$$x=\boldsymbol{\Lambda}_x\xi+\delta$$

$$y=\boldsymbol{\Lambda}_y\eta+\varepsilon$$

其中，x 为外源指标组成的向量；y 为内生指标组成的向量；$\boldsymbol{\Lambda}_x$ 为外源指标与外源潜变量之间的关系，它是外源指标在外源潜变量上的因子负荷矩阵；$\boldsymbol{\Lambda}_y$ 为内生指标与内生潜变量之间的关系，它是内生指标在内生潜变量上的因子负荷矩阵；δ 是外源指标 x 的误差项；ε 为内生指标 y 的误差项。

结构模型表示外生潜在变量和内生潜在变量之间的因果关系，它的方程是：

$$\eta=B\eta+\Gamma\xi+\zeta$$

其中，η 为内生潜变量；ξ 为外源潜变量；B 为内生潜变量之间的关系；Γ 为外源潜变量对内生潜变量的影响；ζ 为结构方程的残差项，反映了 η 在方程中未能被解释的部分。

相对传统统计方法而言，结构方程模型旨在尽量缩小样本的协方差与模型估计的协方差之间的差异。结构方程模型通过极大似然法进行参数估计，最后得到标准化的回归系数，称为路径系数，该路径系数用来衡量变量之间的影响程度或变量的效应大小。

5.3.3 结构方程模型的优点

结构方程模型相对于其他常用统计方法主要从两个方面进行了改进：

(1) 针对探索性因子分析假设限制过多的缺点，完善变量结构的探讨；

(2) 在考虑测量误差的前提下，建立变量间的因果关系。

基于以上两点改进，与其他多元统计方法相比，结构方程模型有以下优点：

(1) 同时处理多个因变量；

(2) 容许自变量和因变量含测量误差；

(3) 同时估计因子结构和因子关系；

(4) 容许更大弹性的测量模型；

(5) 估计整个模型的拟合程度。

5.4 验证性因子分析

以正式问卷数据为基础，通过对正式问卷的验证性因子分析来检查网上创新外包研发人员胜任力的结构效度。验证性因子分析可以通过比较多个模型之间的拟合程度，从而找出最匹配的模型[142]。

使用结构方程模型对验证性测验中 249 名受试者的数据进行分析，分析软件使用的是 LISREL8.7，采用极大似然估计法（ML）完成参数估计。结构方程模型主要从构想模型出发，用数据与模型进行拟合，以检验观测数据对构想模型的支持程度。与传统的因素分析、回归分析和路径分析等多元统计分析方法相比，结构方程模型的最大优势在于在允许有测量误差的情况下，同时对观测变量和潜变量以及潜变量与潜变量之间的关系进行验证。

研究提出三个模型：第一个模型为虚无模型，即假设问卷中每一个题目都是一个单独的维度；第二个模型是单因子胜任力模型，即所有的题目都与一个变量有关，这个变量就是网上创新外包研发人员胜任力；第三个模型就是探索性因子分析得出的六因子胜任力模型。比较三个模型的拟合度，找出三者中拟合相对较好的模型。

探索性因子分析主要是为了找出影响观测变量的因子个数，以及各个因子和各个观测变量之间的相关程度，而验证性因子分析主要目的是决定事前定义因子的模型拟合实际数据的能力[1]。验证性因子分析提出了很多拟合度指标，但是每一种指标的侧重点不同，所反映的信息也不同，主要包括以下指标[143,144,145]。

（1）Chi-Square 检验。结构方程模型的理论认为，较大的 χ^2 值对应较差的模型，而较小的 χ^2 值对应较好的模型。而 χ^2 检验有一个缺点，χ^2 值会随样本的增加而增加，使原本不显著的检验变得非常容易通过验证，因此 χ^2 检验一般适合于小样本的情况。由于 χ^2 的取值与样本规模相关，通常使用 χ^2/df 来衡量，即卡方自由度比[146]。当 χ^2/df 小于 5 时，说明观测数据与模型拟合得较好；处于 2～3 之间，则观测数据与模型拟合得很好；取值大于 5.00 时，表示假设模型无法反映真实观察数据，模型的契合度不佳，需要改进；取值界于 1.00～5.00 之间，模型适配良好，可以接受。

（2）RMSEA 检验[147,148]。近似误差均方根 RMSEA（Root Mean Squared Error of Approximation）取值为 0.05 或以下，说明模型拟合较好；取值介于 0.05～

0.08,模型的拟合度是可以接受的;取值大于 0.1 时,模型的拟合度不好。

(3) CFI 检验[149]。CFI 属于比较性的拟合度指标。它的基本思想是构造多个相互竞争的模型,其中一个是研究者提出的理论模型,其余为基础模型,基础模型一般设立为独立模型[1]。一个理论模型的拟合度应该好于基础模型。CFI 一般被要求大于 0.9 时,认为模型拟合度优良。

(4) AGFI 检验。AGFI (Adjusted Goodness of Fit)表示调整后的拟合优度指数。其值也在 0 和 1 之间,若 AGFI 大于 0.80 则表示模型拟合得很好,完全可以接受。

(5) NFI 检验[150]。NFI 表示规范拟合指数(Normed Fit Index),该指标的取值范围在 0～1 之间,越接近 1,表示拟合的效果越好,一般该指标大于 0.90,就可以认为模型拟合良好。

以正式问卷数据采用极大似然估计法进行验证性因素分析,得到图 5.2 所示的六因子拟合模型。

通过验证性因子分析得到的多因素斜交标准化估计值模型图表明,服务取向 16 个项目的标准化回归权重在 0.61～0.85 之间,社交能力 15 个项目的标准化权重在 0.63～0.81 之间,成就导向 13 个项目的标准化权重在 0.59～0.81 之间,学习总结能力 9 个项目的标准化权重在 0.53～0.79 之间,研发创新能力 8 个项目的标准化权重在 0.58～0.73 之间,竞争意识 5 个项目的标准化权重在 0.51～0.67 之间,都在 0.001 水平显著,表明各个项目的拟合度均较高。

在 Lisrel 8.7 进行数据分析中,虚无模型假设被拒绝。单因子绩效模型和六因子绩效模型的拟合指数如表 5.8。

表 5.8　单因子模型和六因子模型拟合指数比较

	χ^2/df	RMSEA	CFI	AGFI	NFI
单因子模型	3.43	0.130	0.92	0.52	0.89
六因子模型	1.88	0.057	0.97	0.77	0.94

由表 5.8 可见,六因子模型各项指标均优于单因子指标。χ^2/df 指标,六因子模型数值为 1.88,观测数据与模型很好拟合,模型较好;结构方程模型理论认为 AGFI、CFI 和 NFI 等指标数值越接近 1,代表拟合程度越好,在这几个指标上六因子模型均比单因子模型大;RMSEA 则是越小越好,六因子模型不仅这个指标比单

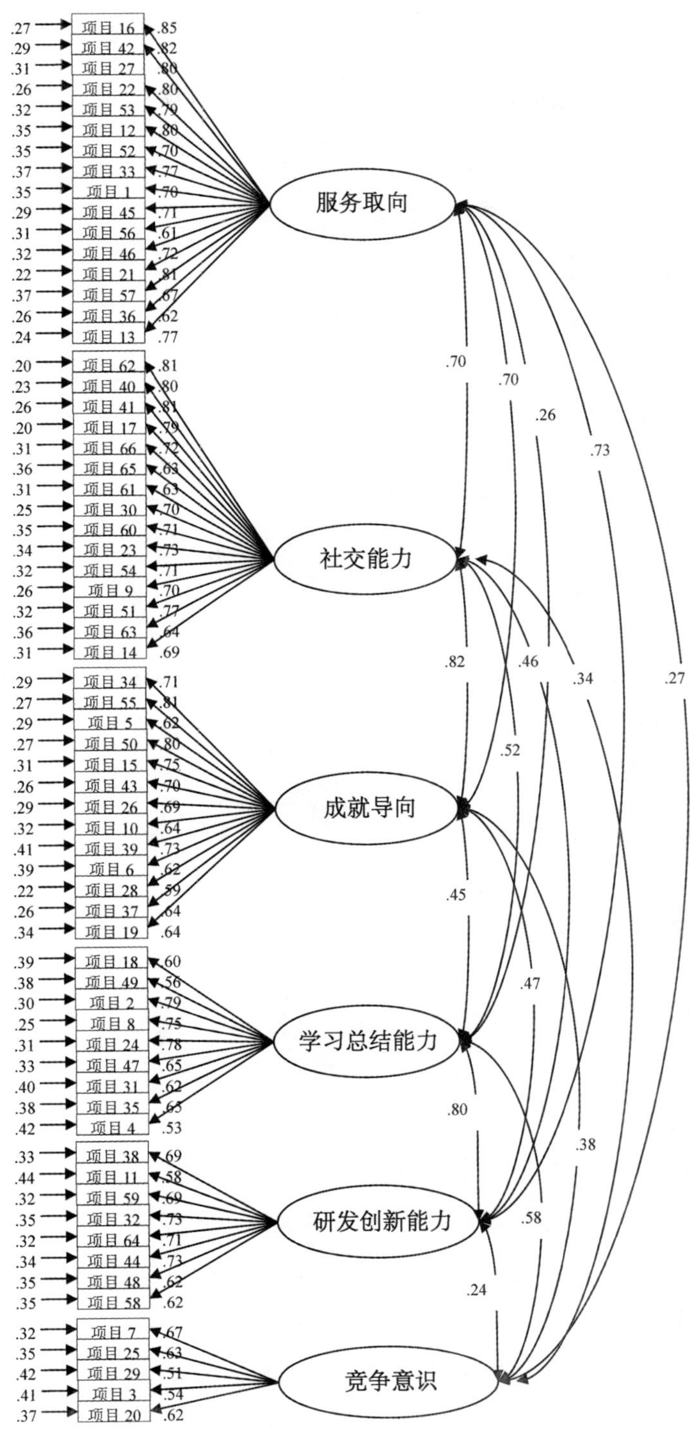

图 5.1　多因素斜交标准化估计值模型

因子模型小，更重要的是 RMSEA 为 0.057，虽然大于 0.05 这个很好拟合的标准，但其小于 0.08 这个较好拟合的标准，而单因子模型的 RMSEA 为 0.13，说明观测数据与假设模型的拟合度不高。因此，经检验，研发人员胜任力六因子模型较为合理。那么，六因子（服务取向、社交能力、成就导向、学习总结能力、研发创新能力、竞争意识）是否可以在更高阶上聚合成一个因素，即研发人员胜任力。仍然使用 Lisrel 8.7 对这个假设进行验证。

表 5.9　六因子模型和二阶模型拟合指数比较

	χ^2/df	RMSEA	CFI	AGFI	NFI
六因子模型	1.88	0.057	0.97	0.77	0.94
二阶模型	2.03	0.064	0.97	0.75	0.94

从表 5.9 的指标分析，如果将六因子（服务取向、社交能力、成就导向、学习总结能力、研发创新能力、竞争意识）在更高阶上聚合成一个因素——研发人员胜任力，则与六因子模型相比较，各拟合指标均变化不大，且均在临界值内。这说明胜任力的二阶模型拟合程度较好，足以反映各一阶因子的关系，即六个一阶因子能够在更高阶上聚合成一个二阶因子。计算结果详见二阶因子标准化估计值模型（见图 5.2）。

5.5　模型分析

通过验证性因子分析，验证了网上创新外包研发人员胜任特征结构由服务取向、社交能力、成就导向、学习总结能力、研发创新能力和竞争意识六个维度构成；同时，六因子可以在更高阶上聚合成一个因素，即研发人员胜任力。

从研发人员胜任力对每个维度的路径系数来看，每个维度对研发人员胜任力都很重要，这主要是由网上创新外包研发人员的工作内容和性质所决定的，网上创新外包研发人员不但需要具备一定的竞争意识和成就导向，更需要具有较好的研发创新能力、学习总结能力和服务取向，这样才能较好地完成任务，还要擅于在网上创新外包环境下开展社会交往，构建良好的人际关系。

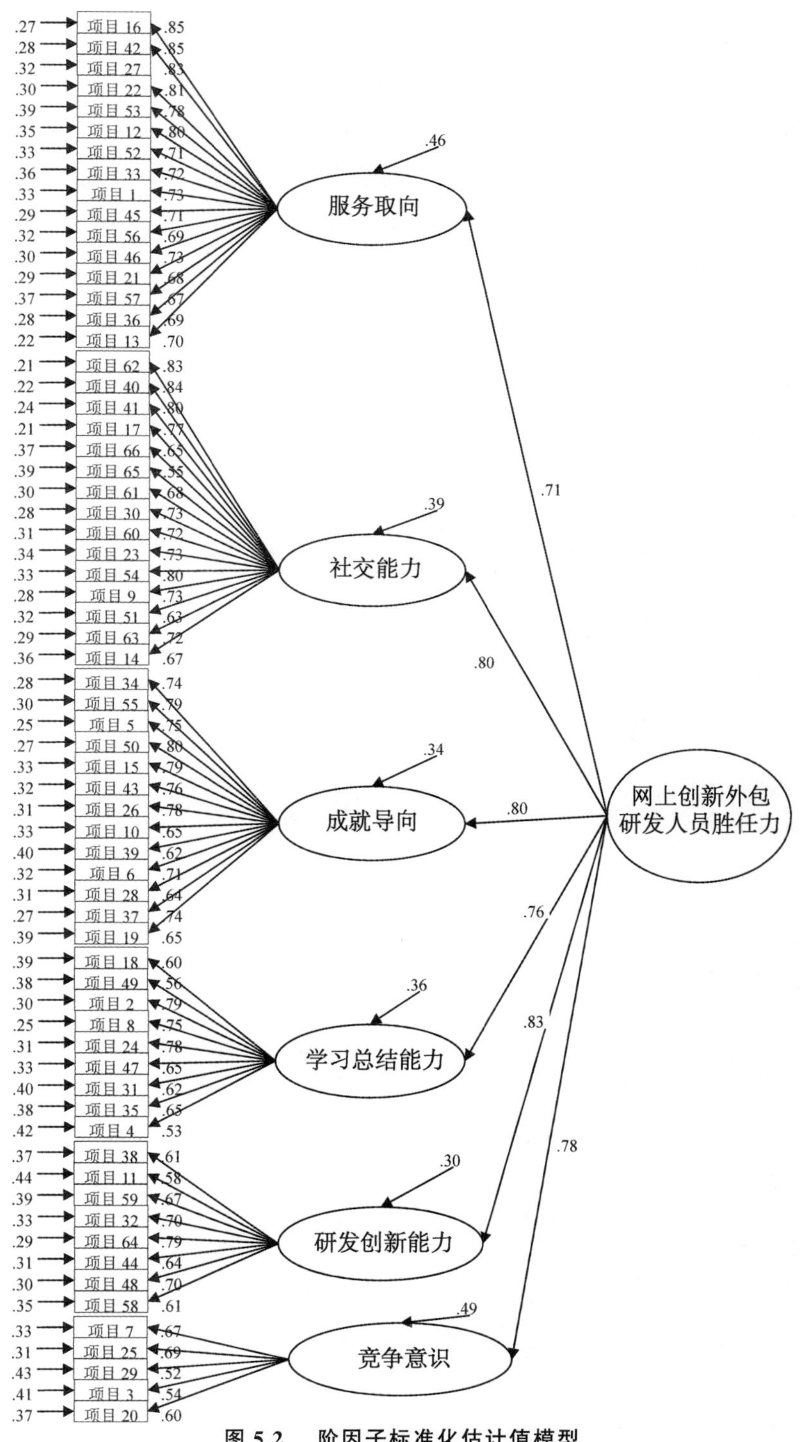

图 5.2　阶因子标准化估计值模型

同时，依据问卷项目所反映的胜任特征可以得到，在服务取向维度中，由任务导向、换位思考、主动性和诚信 4 个胜任特征构成，这与研发人员作为向任务发布方提供创新服务的服务者角色相对应。在网上创新外包环境下，研发人员提供的服务就是关注任务要求，从发布方的角度考虑问题，主动与客户沟通协作，只要给出承诺就会尽全力完成任务，以追求任务发布方满意作为工作的中心任务之一。

在社交能力维度中，由关系的建立与保持、沟通能力和情绪稳定性 3 个胜任特征构成，这体现了网上创新外包的双方交互性和社会性。网络的虚拟性导致双方较难建立互信，这会为双方的沟通带来各种新问题，在这种情况下，研发人员需要具有较好的基于网络平台的社交能力，遇事稳重，并能够创造性地开拓工作，利用沟通协调能力与各方面建立合作共赢，取得对方的信任与配合，以便更好地完成外包任务。

在成就导向维度中，由上进心、自信心和坚韧性 3 个胜任特征构成，这是研发人员取得优异绩效的动力。在网上创新外包环境下，研发人员需要具有追求优异绩效的上进心特质；具有对完成所在领域任务充满信心的自信心特质；具有对于承接的任务坚持不懈的坚韧性特质。

在学习总结能力维度中，由学习能力、总结能力和外界信息收集处理能力 3 个胜任特征构成，这使得研发人员能够参与任务并不断进步。网上创新外包研发人员需要在工作过程中积极通过各种渠道获取与工作有关的信息和知识，并对获取的信息进行加工和理解，善于总结经验和教训，从而不断地更新自己的知识结构，提高自己的工作技能。

在研发创新能力维度中，由任务需求分析理解能力、专业知识技术掌握运用能力和创新能力 3 个胜任特征构成，这是研发人员出色完成任务所需具备的胜任力。研发人员在理解任务需求后，充分运用各种技术，善于尝试新方法和新途径，通过分析和判断来解决创新难题。

在竞争意识维度中，由竞争决策、自我定位与评估能力构成，这是研发人员参与任务竞赛的策略和意识。研发人员需要在认清自我能力的同时，善于根据任务奖金额度和难易程度来判断任务竞争的激烈程度，以决定是否参与任务。

通过对网上创新外包研发人员胜任力问卷进行的探索性分析以及验证性分析，结果表明研发人员胜任力结构符合第 3 章研究假设一的结果，网上创新外包研发人员胜任力是一个由 6 个因子 18 个胜任特征构成的多层次、多维度的结构。

5.6 本章小结

在初始问卷探索性因子分析结果的基础上，最后确定 66 个问卷项目，作为网上创新外包研发人员胜任力调查的正式问卷。

正式问卷的受试者为猪八戒网站的研发人员。随机选择 300 名研发人员作为问卷发放对象，同时承诺在问卷回收后，问卷合格者会得到一定的报酬。我们对回收问卷进行验收，将验收结果转告猪八戒网站，网站将报酬支付给合格的问卷填写者。发放问卷 300 份，去除没有回收的问卷及无效问卷 51 份，收回有效问卷 249 份，有效问卷回收率达到 83.%。

对 249 名受试者的数据进行 Bartlett 球形检验，并进行取样适当性检验，计算 Kaiser-Meyer-Olkin（KMO）值。结果表明，样本适当性系数 KMO 的指标为 0.985，表明问卷各个项目间的相关程度无太大差异，数据非常适合做因子分析。对预测数据进行因子分析。66 个项目中没有负荷较小（小于 0.30）和共同度较小（小于 0.20）的项目，所以 66 个项目均保留。通过对 66 个项目在六个因子上的负荷情况分析后发现，正式问卷的因子分析结果与初始问卷的探索性因子分析结果相一致，正式问卷因子分析同样得到 6 个维度 18 个胜任特征。

总量表和分量表的 Cronbach α 一致性系数从 0.936 到 0.985，总的来说这样的信度水平是较好的。通过对正式问卷的分析，得出 6 个因子，每个因子所包含的胜任力特征构成一个维度。对每个维度的信度分别进行分析，估算信度系数。数据结果表明，在各个维度中，若删除其中任一题该层面的信度都会降低，表示各分层面的信度良好。

分别从内容效度、构念效度（结构效度）和效标效度来考查问卷效度。正式问卷建立在对初始问卷进行探索性分析的基础上，经过对初始问卷进行评价、筛选和多次修正，保证了修正后的正式问卷具有较好内容效度。结果表明，各个子量表在绩效优异组与绩效普通组上的差异是显著的，从效标效度的角度来说，各个子量表对于绩效的区分度是显著的，问卷是有效的。

以正式问卷数据为基础，通过对正式问卷的验证性因子分析来检查网上创新外包研发人员胜任力的结构效度。验证性因子分析可以通过比较多个模型之间的拟合程度，从而找出最匹配的模型。使用结构方程模型对验证性测验中 249 名受试者的数据进行分析，分析软件使用的是 LISREL 8.7，采用极大似然估计法（ML）

完成参数估计。

通过验证性因子分析得到的多因素斜交标准化估计值模型表明，服务取向的16个项目的标准化回归权重在0.61～0.85之间，社交能力个的15个项目的标准化权重在0.63～0.81之间，成就导向的13个项目的标准化权重在0.59～0.81之间，学习总结能力的9个项目的标准化权重在0.53～0.79之间，研发创新能力的8个项目的标准化权重在0.58～0.73之间，竞争意识的5个项目的标准化权重在0.51～0.67之间，都在0.001水平显著，表明各个项目的拟合度均较高。

通过研究得到四个结论：

(1) 证实网上创新外包研发人员胜任力的确由服务取向、社交能力、成就导向、学习总结能力、研发创新能力和竞争意识6个维度构成并对其产生影响。

(2) 网上创新外包研发人员胜任力6维度模型中6个潜变量相关程度高，能在更高阶上聚合为一个因子，那就是网上创新外包研发人员胜任力，说明胜任力六维度模型能够较好地表示网上创新外包研发人员的胜任力。

(3) 验证了第4章构建的网上创新外包研发人员胜任力模型。

(4) 验证第3章研究假设一，网上创新外包研发人员胜任力是由6个因子18个胜任特征构成的多层次、多维度的结构。

通过网上创新外包研发人员胜任力模型的构建和验证，为胜任力与绩效关系的研究奠定了基础；为研发人员胜任力评价提供了依据；为研发人员胜任力的发展提供了标准和方向；为解决网上创新外包环境下研发人员存在的问题提供了依据和参考。

第 6 章

网上创新外包环境下研发人员胜任力与绩效的关系研究

网上创新外包用什么来评价创新任务的绩效，网上创新外包研发人员的胜任力是否对任务的绩效有预测作用？本章根据文献梳理和问卷调查分析确定了网上创新外包任务的绩效评价模型，该模型由 2 个维度 5 个指标构成。

通过建立胜任力—绩效的二阶因子模型，验证了网上创新外包研发人员胜任力与绩效存在正向的影响。通过对研发人员胜任力的 6 个因子与绩效的 2 个因子的因果关系进行检验后发现，胜任力每个维度对于绩效每个维度具有不同影响。

按照胜任力的定义，胜任力必须以绩效为判断标准，即个体胜任力的效标为个体的工作绩效。那些与优秀绩效有关的可以被可靠测量的动机、特质、自我形象、态度或价值观、某领域的知识、技能等个人特征和行为，才能被称为胜任力，而与绩效无关的，则不能被称为胜任力。所以，网上创新外包环境下的研发人员胜任力与绩效之间关系的研究就显得至关重要。

6.1 绩效

6.1.1 绩效的概念

绩效又称为业绩、成果等，是指活动过程所取得的成就或产生的积极效果和正面影响，包括活动过程的效率和活动的结果。当前，工作日益复杂化，工作的协作性也越来越高，对工作评价的标准也被要求多元化，绩效越来越复杂和多元化。当前关于绩效的研究可以概括为三种。

1）结果导向论

结果导向论的研究者认为，绩效就是行为的结果和产出[151]。对个人而言，绩效在某一时间范围、在某一工作职能上产生的工作成绩的记录。绩效由数量、质量的客观指标所构成。

对于结果导向论，忽略了工作结果产生根源的多元化，个人的工作并不是工作结果的唯一决定因素，多因素工作决定工作结果。更重要的是，结果导向论将会使得个人仅仅追求短期的成果，容易忽视过程和人际关系所产生的长远结果。

2）行为导向论

行为导向论的研究者认为，绩效不是行为的结果，而是行为的过程[152,153]。Campbell 认为：绩效是人们所采取的和组织目标有关的，并可以被有效观测的行动[154]。Murphy 认为绩效是一套与个人所在组织或小组的目标相关的行为[155]。

行为导向论只关注行为本身而忽略行为结果，容易造成行为结果的无约束，导致结果不可控；同时，行为导向论将会把绩效的范围无限扩大，导致绩效解释的混乱。

3）结合说

考虑到结果导向论和行为导向论从单一因素出发带来的理论和实践的局限性，一些学者将二者结合在一起，形成了结合说[156,157]，认为绩效不是单一的结果和行为，而是结果和行为的结合体。Binning 等人认为，绩效应体现出相应职务上的行为和结果的关系[158]。Armstrong 等人将绩效定义为行为和结果，并认为行为由从事工作的人表现出来，将工作任务付诸实施。行为不仅仅是结果的工具，行为本身也是结果，是为完成工作任务所付出的脑力和体力的结果，而且能与结果分别考核[159]。李永壮认为，绩效就是为了实现某一目标，在一定时间、空间内所实现的工作行为的过程、方式及结果[160]。本研究同意结合说的观点，绩效包含结果和行为。

6.1.2 绩效的结构

对于绩效结构的研究，大致存在三种观点。

1）三因素结构

Katz 等人把绩效分为三个因素：加入组织并留在组织中；达到或超过组织对员工所规定的绩效标准；自发地进行组织对员工规定之外的活动，如与其他成员合作，保护组织免受伤害，为组织的发展提供建议，以及自我发展等[161]。

2）八因素结构

Campbell 认为绩效由八个因素组成：工作任务的熟练行为、非特定工作任务的熟练行为、书面与口语沟通能力、展示努力程度、保持个人自律、促进同事与团队的绩效表现、监督与领导、行政管理[162]。

3）两因素结构

Borman 和 Motowidlo 认为绩效由两个因素组成，分别是任务绩效和关系绩效。任务绩效是与直接工作任务效率有关的行为及结果，是直接生产成果和技术维持活动，它的主要成分是工作效率；关系绩效是与工作任务间接相关的行为及结果，是那些支持组织、社会和心理环境的活动，包括社会支持性的与激励性的人际关系行为和自主性行为[163]。

Van Scotter 和 Motowidlo 在两因素的基础上，又将关系绩效区别为两个子维度——人际促进和工作奉献[164]。人际促进指支持工作士气、鼓励合作等支持因素。工作奉献更多的是反映自律行为。Conway 用验证性因素分析证明了任务绩效与关系绩效的划分，但同时也指出，这两种绩效并不是完全独立的，存在很大的相关性[165]。

绩效的两因素结构是绩效结合说的体现。随着研究者对绩效结合说的认同，两因素模型成为目前最广泛被接受的绩效因素结构模型。

6.1.3　胜任力与绩效关系的研究

自从 McCelland 提出“测量胜任力而不是智力”来观测绩效后，研究者基本就胜任力对绩效的预测力达成共识。McLagan 认为胜任力可以促进个人及组织的绩效，并建议可将胜任力模型作为招聘、选拔、培训、个人发展、职业发展和领导者接班计划的有效工具[166]。通过分析胜任力与绩效的关系，可以确定合适的胜任力要素和相应的胜任力模型。

在以往的关于胜任力和绩效关系的研究中，Silzer 提出胜任力模型对绩效具有综合的影响[167]；Borman 发现认知能力更能预测任务绩效[168]；Day 发现个性特征更能预测关系绩效[169]；Arvey[170] 等人和 Liu[171] 等人发现个体的情绪特征也可以部分地预测关系绩效。

金杨华等人发现，团队协作、人际冲突处理、组织协调等胜任特征对人际促进和工作奉献影响较大，同时问题解决特征主要涉及综合分析、问题识别、授权激励、经营监控等方面的能力，更多地影响任务绩效，而诚信责任特征主要与诚信度、责任意识有关，是工作奉献维度的有效预测指标[172]。

吴湘萍、徐福缘、周勇指出，员工工作绩效的好坏不是由单一因素决定的，而是由个人因素包括个体的需要结构、个性、能力和态度等因素，以及组织因素和工作因素相互影响、相互作用而实现[173]。

Hollenbeck 和 Brief 研究了自尊、控制力与能力相互作用对工作绩效的影响，高能力倾向得分的个体，其人格与绩效正相关；而低能力倾向得分的个体，其人格与绩效负相关[174]。Mannheim，Baruch and Tal 针对科技人员的研究指出，工作满意度的高低会对工作绩效产生影响[175]。Black and Gregersen 研究发现，工作满意度与工作绩效之间相关，尤其当员工投入越多，则其工作绩效与工作满意度越具有相关性[176]。

学者们在各相关领域获得的理论和实证研究成果，为各项胜任力对工作绩效的预测作用提供了支持。但是从研究范围上讲，基本只是针对胜任力的某个方面来探讨其与工作绩效的关系，而对胜任力模型各维度与工作绩效各维度进行全面、系统探索的研究还非常有限。基于此，本研究将在建构网上创新外包研发人员胜任力模型的基础上，分析研发人员胜任力与工作绩效之间的关系。

6.2 网上创新外包研发人员绩效模型的构建与验证

6.2.1 网上创新外包研发人员绩效

本研究将绩效定义为个体某个时间范围内以某种方式实现的某种结果和行为。对于绩效的分类，Borman 和 Motowidlo 认为绩效除了包括任务绩效以外，还应该包括关系绩效；而且，Conway 已经用验证性因素分析证明了任务绩效与关系绩效的划分。所以我们认为，在网上创新外包环境下，研发人员的绩效是指在完成一次网上创新任务过程中所付出的行动和实现的结果，研发人员绩效包含任务绩效和关系绩效两部分。

在网上创新外包环境下，任务绩效体现在三个方面：

(1) 顺利完成任务。网上创新任务本身就带有很多不确定因素，完成任务过程中会遇到各种障碍、碰到各种问题，研发人员需要根据各种情况采取不同的策略解决问题，顺利实现任务目标，进而完成任务。

(2) 按时完成任务。每个网上创新任务都具有时间范围，只有在规定的截止时间之前完成任务，才能够得到报酬。

(3) 确保工作质量。在网上创新外包环境下，任务竞争激烈，为了获取报酬，研发人员需要确保工作质量。

在网上创新外包环境下，关系绩效体现在两个方面：

(1) 服务态度满意。任务发布方对于研发人员在完成任务过程中的服务态度表示满意。

(2) 继续合作意愿。通过本次任务合作,任务发布方愿意与研发人员长期继续合作。

6.2.2 绩效问卷编制

本研究采用顺利完成任务、按时完成人物、确保任务质量、服务态度满意度、继续合作意愿度 5 个要素作为衡量研发人员绩效的指标。根据研发人员绩效中的任务绩效,得到 5 个问题;根据研发人员绩效中的关系绩效,得到 4 个问题。研发人员绩效的 9 个题目采用里克特五点量表计分,1 代表非常不符合,2 代表不太符合,3 代表不确定,4 代表较好符合,5 代表非常符合。绩效问卷详见附录四。

6.2.3 问卷发放

为了提高研究效率,绩效问卷问题追加在胜任力问卷问题后面。考虑到胜任力问卷分为两批发放,即胜任力初始问卷和胜任力正式问卷,将绩效问卷的 9 个问题都追加在每批胜任力问卷的后面。第一批共 197 份问卷进行探索性因子分析,构建网上创新外包研发人员绩效模型;第二批共 249 份问卷进行验证性因子分析,不但用来验证网上创新外包研发人员绩效结构模型,而且还用来研究研发人员胜任力与绩效之间的关系。

6.2.4 问卷结果分析

1) 项目分析

用 197 名被试的问卷分数计算各个项目的区分度。区分度以项目得分与调查问卷总得分的相关系数为指标。结果表明,所有项目得分与调查问卷总得分的相关性极其显著,显著性达到 0.000 水平;所有项目 T 检验结果显著,保留所有题目。

表 6.1　绩效问卷项目区分度系数

项目	与总分的相关关系	显著性
Jx1	.758***	0.000
Jx2	.647***	0.000
Jx3	.733***	0.000
Jx4	.723***	0.000
Jx5	.840***	0.000
Jx6	.799***	0.000
Jx7	.780***	0.000
Jx8	.837***	0.000

（续表）

项目	与总分的相关关系	显著性
Jx9	.825***	0.000

注：***　$p<.001$。

以每个项目的临界比率（CR值）作项目分析。对得分前27%的高分组和后27%的低分组赋值后作为分组变量，各个项目的得分进行独立样本T检验，进而判断每个项目的显著性差异。

表6.2　绩效问卷项目临界比率指标分析

项目	t 值	显著性
Jx1	10.227***	0.000
Jx2	7.294***	0.000
Jx3	10.117***	0.000
Jx4	9.879***	0.000
Jx5	14.580***	0.000
Jx6	11.647***	0.000
Jx7	10.848***	0.000
Jx8	14.398***	0.000
Jx9	14.171***	0.000

注：***　$p<.001$。

2）探索性因子分析

对研发人员的197份有效问卷中的绩效数据进行探索性因子分析，寻找研发人员绩效的潜在结构。对数据样本进行KMO抽样适当性检验和Bartlett球形检验，KMO值0.912，从Bartlett检验结果看，Sig值为0.000小于0.001，表明总体相关矩阵并不是恒等矩阵，可以对样本数据进行因子分析，相关数据如表6.3所示。

表6.3　绩效问卷KMO和Bartlett检验

Kaiser-Meyer-Olkin Measure of Sampling Adequacy.		.912
Bartlett's Test of Sphericity	Approx. Chi-Square	937.223
	df	470
	Sig.	.000

对预测数据进行因子分析。9 个项目中没有负荷较小(小于 0.30)和共同度较小（小于 0.20)的项目,所以 9 个项目均保留。对 9 个项目进行方差主成分分析(PCA),提取最大因子,并采用方差极大正交旋转(varimax),提取的标准为特征值大于 1,因子提取数量不限定,最终提取两个因子。累积变异解释率为 65.747%,9 个项目在两个因子上的负荷情况如表 6.4 所示。

表 6.4　绩效问卷的主成分提取结果

	Component	
	1	2
Jx5	.873	
Jx1	.834	
Jx3	.817	
Jx4	.796	
Jx2	.720	
Jx6		.847
Jx7		.829
Jx9		.816
Jx8		.773

在因子一的 5 个问题中,分别表示顺利完成任务、按时完成任务、确保任务质量的含义,所以将因子一命名为任务绩效;在因子二的 4 个问题中,分别表示客户满意度、客户继续合作意愿度的含义,所以将因子二命名为关系绩效。

3) 信度分析和效度分析

问卷信度采用的是内部一致性信度来度量,分问卷内部一致性信度和总问卷的内部一致性信度采用 Cronbach α 系数作为指标。任务绩效问卷的 Cronbach α 系数为 0.901,关系绩效问卷的 Cronbach α 系数为 0.834,总问卷的 Cronbach α 系数为 0.912。结果表明,网上创新外包研发人员绩效问卷具有理想的信度。

问卷效度采用结构效度来度量,通过计算各分量表间的相关系数、各分量表与总量表之间的相关系数作为指标来考察。结果表明,各分量表之间的相关系数小于各分量表与总量表之间的相关系数,两个分量表之间具有一定的相对独立性,又都与总量表分数高度相关。因此可认为本量表具有较好的结构效度。

6.2.5 研发人员绩效模型构建

根据探索性因子分析结果和文献回顾，结合网上创新外包研发人员工作的实际情况，建立绩效模型。该模型由 2 个维度 5 个因素构成。绩效由任务绩效和关系绩效来衡量并对其产生影响。任务绩效由顺利完成任务、按时完成任务、确保任务质量 3 个指标来衡量；关系绩效由服务态度满意度、继续合作意愿度 2 个指标来衡量。

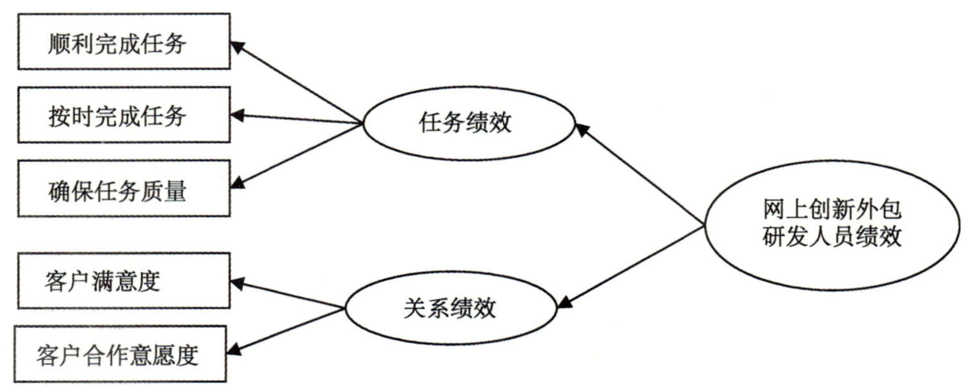

图 6.1 网上创新外包研发人员绩效模型

6.2.6 研发人员绩效模型验证

为了验证网上创新外包绩效模型，使用结构方程模型对 249 名被试者的数据进行分析，使用验证性因子分析中的模型比较策略对各种可能的构想模型进行比较，以确定探索性因子分析中所得到的测量模型是否为最佳。分析软件使用的是 LISREL 8.7，采用极大似然估计法(ML)完成参数估计。

建立三个假设模型：第一个模型是单因子绩效模型，即所有的绩效题目都直接与一个变量有关，这个变量就是网上创新外包研发人员绩效；第二个模型就是探索性因子分析得出的两因子绩效模型；第三个模型为二阶模型，在两因子模型的基础上，将两个因子在二阶上聚合为一个因子，即网上创新外包研发人员绩效。通过比较三个模型的拟合度，拟合度最优的那个模型即为最终的网上创新外包研发人员绩效模型。

表 6.5　三个模型拟合指数比较

	χ^2/df	RMSEA	CFI	AGFI	NFI
单因子模型	3.75	0.101	0.91	0.75	0.88
两因子模型	2.01	0.073	0.95	0.76	0.95
二阶模型	2.04	0.075	0.95	0.77	0.95

由表 6.5 可见，两因子模型和二阶模型的各项指标都优于单因子模型。χ^2/df 指标，两因子模型数值为 2.01，二阶模型数值为 2.04，均在 2～3 之间，观测数据与模型很好地拟合，这两个模型都好于单因子模型；结构方程模型理论认为 AGFI、CFI、NFI 等指标数值越接近 1，代表拟合程度越好，这几个指标上两因子模型和二阶相近，但都比单因子模型大；RMSEA 则是越小越好，两因子模型和二阶模型不仅这个指标比单因子模型小，更重要的是 RMSEA 为 0.073 和 0.075，小于 0.08 这个较好拟合的标准，而单因子模型的 RMSEA 为 0.101，说明单因子模型观测数据与假设模型的拟合度不高。因此，两因子模型和二阶模型都优于单因子模型。

将两因子模型与二阶模型相比较，各拟合指标变化不大，但都在合理范围之内。可见二阶模型拟合程度较好，足以反映两因子模型的关系，即任务绩效和关系绩效能够在更高阶上聚合成一个因素——网上创新外包研发人员绩效。

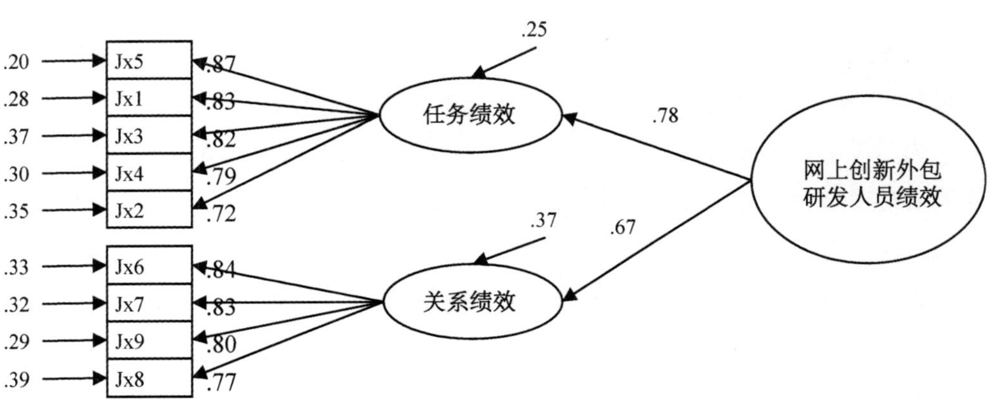

图 6.2　网上创新外包研发人员二阶因子绩效模型图

依据绩效问卷项目所反映的绩效因素可得，在任务绩效维度中，包含顺利完成任务、按时完成任务、确保任务质量 3 个因素，关系绩效包含客户满意度、客户继续合作意愿度 2 个因素。所以，通过验证性因子分析较好地验证了网上创新外包研发人员绩效模型。

6.3 研发人员胜任力与绩效关系模型

在确定网上创新外包研发人员绩效评定标准后，需要确定研发人员胜任力模型与绩效之间是否存在相关关系，若两者之间相关程度高，则说明本书中建立的胜任力模型确实能对绩效有预测作用。

建立胜任力—绩效的二阶因子模型，将胜任力模型的六个因子聚合为研发人员胜任力，将绩效模型的两个因子聚合为绩效。计算研发人员胜任力和绩效之间的关系。计算结果显示本书建立的网上创新外包研发人员胜任力模型与绩效之间相关程度高，研发人员胜任力模型对绩效有预测作用，对于绩效具有正向影响。

表 6.6　胜任力—绩效二阶因子模型拟合指数

	χ^2/df	RMSEA	CFI	AGFI	NFI
二阶因子模型	2.005	0.078	0.93	0.86	0.94

从表 6.6 中二阶因子模型的拟合指数发现，各项指标均较理想，模型拟合较好。

研发人员胜任力与绩效的二阶因子模型如图 6.3 所示，从二阶因子模型图中可以看出，网上创新外包研发人员胜任力与绩效存在正向的影响。

为了说明胜任力的六个因子与绩效的两个因子之间的影响大小和因果关系，需要通过回归分析对研发人员胜任力与绩效的因果关系进行检验。以研发人员胜任力所含的服务取向、社交能力和成就导向、学习总结能力、研发创新能力、竞争意识作为自变量，任务绩效和关系绩效作为因变量，构建一阶因子结构方程模型。

表 6.7　胜任力—绩效一阶因子模型拟合指数

	χ^2/df	RMSEA	CFI	AGFI	NFI
一阶因子模型	2.022	0.079	0.93	0.85	0.94

从表 6.7 中一阶因子模型的拟合指数发现，各项指标均较理想，模型拟合较好。

研发人员胜任力与绩效的一阶因子模型路径系数与显著性如表 6.8，一阶因子模型表明，胜任力的六个一阶因子与绩效的两个一阶因子之间的具有不同程度的影响作用。

表 6.8　一阶因子模型路径系数与显著性

	路径系数	显著性
服务取向—>任务绩效	.19	0.05
服务取向—>关系绩效	.29	0.05
社交能力—>任务绩效	.10	0.05
社交能力—>关系绩效	.16	0.001
成就导向—>任务绩效	.14	0.001
成就导向—>关系绩效	.13	0.05
学习总结能力—>任务绩效	.13	0.001
研发创新能力—>任务绩效	.31	0.001
竞争意识—>任务绩效	.11	0.05

在一阶因子模型中，服务取向到任务绩效、服务取向到关系绩效、社交能力到任务绩效、成就导向到关系绩效、竞争意识到任务绩效的路径系数分别为 0.19、0.29、0.10、0.13、0.11，达到了 0.05 的显著性水平；社交能力到关系绩效、成就导向到任务绩效、学习总结能力到任务绩效、研发创新能力到任务绩效的路径系数分别为 0.16、0.14、0.13、0.31，达到了 0.001 的显著性水平。而学习总结能力到关系绩效、研发创新能力到关系绩效、竞争意识到关系绩效的路径系数经检验后，发现显著性水平不明显，予以删除。

同时，从表 6.8 中可看出，从绩效角度来看：在任务绩效方面，影响力最大的胜任力维度是研发创新能力，接下来依次是服务取向、成就导向、学习总结能力、竞争意识、社交能力；在关系绩效方面，影响力最大的胜任力维度是服务取向，接下来依次是社交能力、成就导向。从胜任力角度来看：服务取向对任务绩效和关系绩效均有影响，但对关系绩效的影响要高于对任务绩效的影响；社交能力对任务绩效和关系绩效均有影响，但对关系绩效的影响要高于对任务绩效的影响；成就导向对任务绩效和关系绩效均有影响，但对任务绩效的影响要高于对关系绩效的影响；学习总

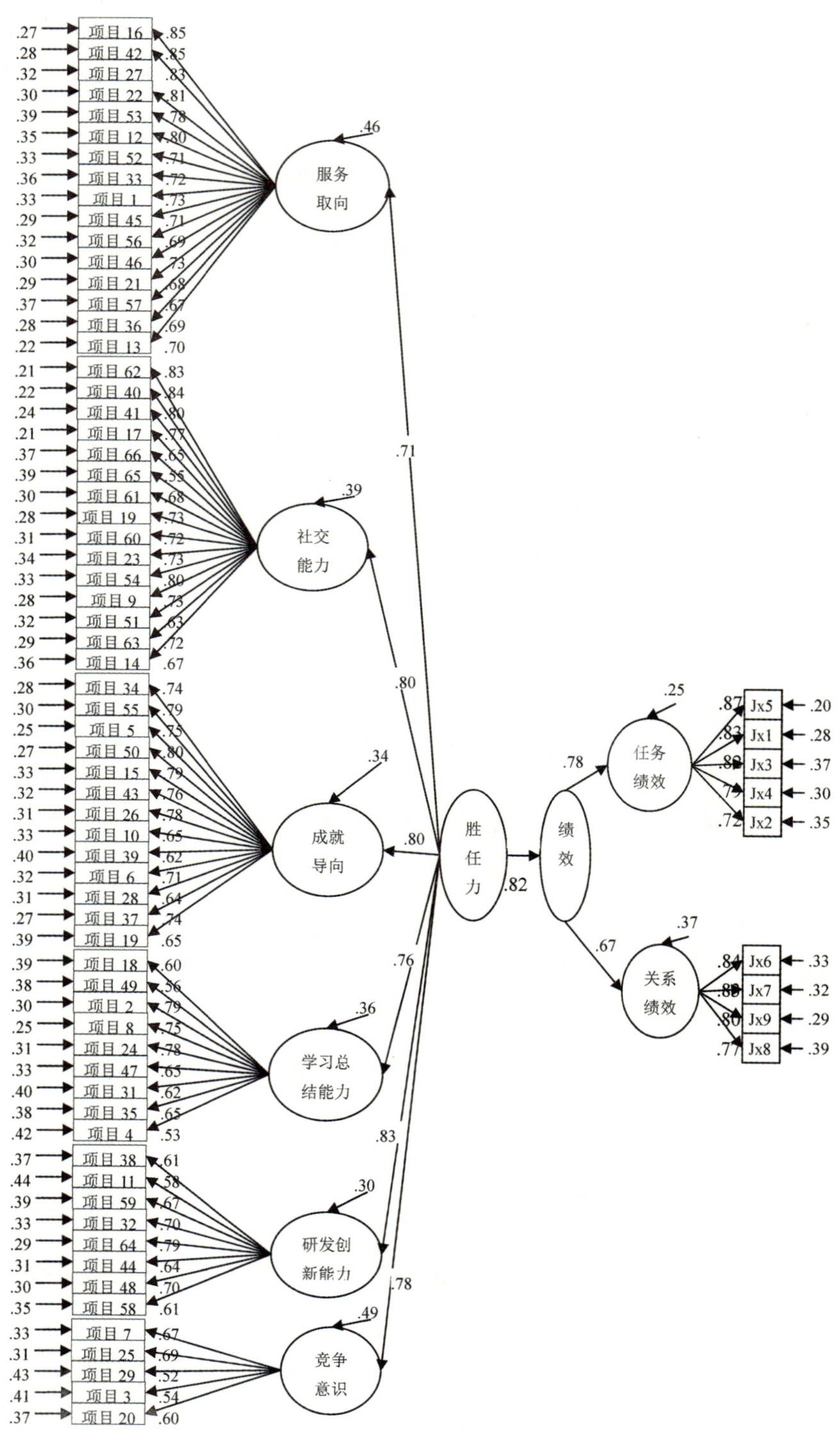

图 6.3　研发人员胜任力与绩效关系模型

结能力只对任务绩效产生影响，而对关系绩效的影响不显著；研发创新能力只对任务绩效产生影响，而对关系绩效的影响不显著；竞争意识只对任务绩效产生影响，而对关系绩效的影响不显著。

6.4　本章小结

本章提出并验证了网上创新外包研发人员绩效模型由任务绩效和关系绩效构成；验证了网上创新外包研发人员胜任力对于绩效存在正向影响，胜任力每个维度对于绩效每个维度具有不同的影响。

绩效又称为业绩、成果等，是指活动过程所取得的成就或产生的积极效果和正面影响，包括活动过程的效率和活动的结果。当前，工作日益复杂化，工作的协作性也越来越高，对工作评价的标准也被要求多元化，绩效越来越复杂和多元化。当前关于绩效的研究可以概括为三种：结果导向论、行为导向论和结合说。

本研究中，绩效是指个体某个时间范围内以某种方式实现的某种结果和行为。在网上创新外包环境下，研发人员的绩效是指在完成一次网上创新任务过程中所付出的行动和实现的结果，研发人员绩效包含任务绩效和关系绩效两部分。

在网上创新外包环境下，任务绩效体现在：顺利完成任务、按时完成任务和确保工作质量。关系绩效体现在服务态度满意和继续合作意愿。根据研发人员绩效中的任务绩效，得到5个问题；根据研发人员绩效中的关系绩效，得到4个问题。

用197名被试的问卷分数计算各个项目的区分度。区分度以项目得分与调查问卷总得分的相关系数为指标。结果表明，所有项目得分与调查问卷总得分的相关极其显著，显著性达到0.000水平；所有项目T检验结果显著，保留所有题目。

对研发人员的197份有效问卷中的绩效数据进行探索性因子分析，寻找研发人员绩效的潜在结构。对数据样本进行KMO抽样适当性检验和Bartlett球形检验，KMO值0.912，从Bartlett检验结果看，Sig值为0.000小于0.001，表明总体相关矩阵并不是恒等矩阵，可以对样本数据进行因子分析。对预测数据进行因子分析。9个项目中没有负荷较小（小于0.30）和共同度较小（小于0.20）的项目，所以9个项目均保留。对9个项目进行方差主成分分析（PCA），提取最大因子，并采用方差极大正交旋转（varimax），提取的标准为特征值大于1，因子提取数量不限定，最终提取两个因子。累积变异解释率为65.747%。

在因子一的五个问题中，分别表示顺利完成任务、按时完成任务、确保任务质量的含义，所以将因子一命名为任务绩效；在因子二的四个问题中，分别表示客户满意度、客户继续合作意愿度的含义，所以将因子二命名为关系绩效。

绩效模型由 2 个维度 5 个指标构成，2 个维度为任务绩效和关系绩效，其中任务绩效维度由顺利完成任务、按时完成任务、确保任务质量 3 个指标构成，关系绩效维度由客户满意度、客户继续合作意愿度 2 个指标构成。

为了验证网上创新外包绩效模型，使用结构方程模型对 249 名被试者的数据进行分析，使用验证性因子分析中的模型比较策略对各种可能的构想模型进行比较，以确定探索性因子分析中所得到的测量模型是否为最佳。分析软件使用的是 LISREL 8.7，采用极大似然估计法（ML）完成参数估计。根据问卷调查数据进行结构方程模型计算，验证了网上创新外包研发人员绩效模型。

在确定网上创新外包研发人员绩效评定标准后，需要确定研发人员胜任力模型与绩效之间是否存在相关关系，若两者之间相关程度高，则说明本书中建立的胜任力模型确实能对绩效有预测作用。

建立胜任力—绩效的二阶因子模型，将胜任力模型的六个因子聚合为研发人员胜任力，将绩效模型的两个因子聚合为绩效。计算研发人员胜任力和绩效之间的关系。计算结果显示本书建立的网上创新外包研发人员胜任力模型与绩效之间相关程度高，研发人员胜任力模型对绩效有预测作用，对于绩效具有正向影响，进而验证了第 3 章提出的假设二。通过对研发人员胜任力的六个因子与绩效的两个因子的因果关系进行检验后发现，在任务绩效方面，影响力最大的胜任力维度是研发创新能力，接下来依次是服务取向、成就导向、学习总结能力、竞争意识和社交能力；在关系绩效方面，影响力最大的胜任力维度是服务取向，接下来依次是社交能力、成就导向。

基于本章研究结果，在参与创新任务外包竞争的过程中，网上创新外包研发人员需要注重两个方面：一个方面是注重任务绩效，能够克服各种困难、在规定时间内、保质保量地完成任务，对于任务绩效的提升，研发人员应着重于培养研发创新能力、服务取向、成就导向、学习总结能力、竞争意识和社交能力；另一个方面是注重关系绩效，在完成任务的过程中，通过良好的服务态度为任务发布方提供愉悦的创新服务过程，为双方的长期合作奠定基础，对于关系绩效的提升，研发人员应着重于培养服务取向、社交能力和成就导向。

这些表明，本书建立的研发人员胜任力模型对绩效具有预测作用，对于绩效具有正向影响。在得到胜任力对绩效的影响机理的同时，也为研发人员绩效差异找到了原因。该研究成果为网上创新外包研发人员绩效研究建立了一个全新模式，为更好地提升研发人员绩效提供了切实可行的思路。

第7章

网上创新外包研发人员胜任力多层次综合评价

当前，网上创新外包模式发展非常迅速，在短短几年间国内的网上创新外包平台就达上百家之多，如任务中国网、时间财富网、猪八戒网、K68网等。在这种模式下，需要创新的企业将自己的创新任务通过网络平台发布，并提供一定的资金来招募研发人员解决问题并完成任务。同时，研发人员则可以在网上创新外包平台上寻找适合自己的创新任务，提交解决方案后就有机会获得一定的报酬。这种模式降低了企业的创新成本，同时满足供需双方的需求，具有良好的发展前景。然而近年来网上创新外包模式却从高速发展阶段进入了瓶颈阶段，出现一些急待解决的难题，突出表现在两个方面：①网络的虚拟性导致供需双方缺乏信任，使得任务发布方无法准确评估研发人员的真实水平，这种顾虑挫伤了企业参与网上创新外包的积极性；②当前，任务发布方首先给出任务和奖金，然后参与竞争的研发人员分别完成任务，发布方认为完成得最好的研发人员可以得到奖金，这种方式虽然在很大程度上保证了任务发布方的利益，但对于参与的研发人员来说，却面临着过度竞争的局面。为解决这两个问题，需要建立一套科学合理的网上创新外包环境下研发人员评价机制，通过研发人员胜任力模型得到研发人员的指标评价体系，对研发人员完成任务的能力和水平进行有效的评估。这样既有利于发布方准确高效地选择合适的研发人员，增强发布方参与网上创新外包的意愿，同时科学合理的研发人员评价机制可以有效地避免研发人员的过度竞争，减少人力资源浪费，使得研发人员能更专注于完成创新任务，保障了这种网上创新外包模式得以健康发展。

7.1　网上创新外包研发人员胜任力评价的原则与指标体系

7.1.1　网上创新外包研发人员胜任力评价的原则

为了能更好地反映网上创新外包研发人员胜任力的真实状况，在对研发人员进行胜任力评价时应遵循以下原则。

（1）制定科学系统的评价指标体系。指标体系既要兼顾科学性和系统性，又要具有可行性。既要能全面地反映被评价研发人员的胜任力指标，又要具有可操作性。评价指标应满足结构合理、层次分明、概念清晰、内涵明确。各个指标都应具有确定的科学内涵，不存在歧义，并且各指标之间不应出现信息包容、涵盖而使指标内涵重叠，进而为客观、准确地评价奠定基础。

（2）选择有效的评价方法。在胜任力评价中，通常利用事件访谈法、专家小组讨论法、问卷调查法、360 度评价法、专家系统数据库和实地观察法等来收集胜任特征数据；使用层次分析法、模糊数学法、灰关联法以及 BP 神经网络法等来对数据进行分析提炼，把定性指标量化。因此如何选择适合于网络创新外包环境并行之有效的评价方法是至关重要的，努力做到规范、标准，保证评价结果的信度和效度。

（3）评价要有任务针对性。不同类型的网上创新外包任务对于每个胜任特征的需求程度不同，应根据任务类型设立不同的评价权重，凸显针对性和层次性。切实做到评价体系科学、可信、可行，评价结果才更科学准确。

7.1.2　网上创新外包研发人员胜任力评价指标体系

本书前面构建的网上创新外包研发人员胜任力模型，既符合网上创新外包环境的特点，对于胜任力指标具有较好的覆盖广度和深度，又具有较好的信度和效度，能够全面、真实地反映研发人员的本质。本书以网上创新外包研发人员胜任力模型为作为评价指标体系。

表 7.1 网上创新外包研发人员胜任力评价指标体系表

一级指标	二级指标	指标说明
服务取向 U_1	任务导向 U_{11}	按照任务需求来完成任务；以满足任务需求为目的，按照任务需求采取行动
	换位思考 U_{12}	站在客户的角度和位置上，客观地理解客户的内心感受
	主动性 U_{13}	面对任务，主动采取行动或创造机会；主动与客户沟通、主动解决客户问题、主动提供合理化建议和意见
	诚信 U_{14}	待人处事真诚、讲信誉，言必信、行必果；对于任务、客户有高度的责任感；把完成任务作为自己的目标；勇于对于设定的任务目标承担个人相应的责任
社交能力 U_2	关系建立与保持 U_{21}	利用各种机会，与任务发布方建立良好的合作关系；能够维持良好的人际关系；通过良好的任务表现赢得发布方的长期合作
	沟通能力 U_{22}	在网上环境下与对方有效地进行沟通的能力
	情绪稳定 U_{23}	无论在什么情况下，即使再差也保持良好的心态，也相信坏事情总会过去，一切都会变好；积极向上；不气馁
成就导向 U_3	上进心 U_{31}	不满足于现状，对成功具有强烈的渴求；为了实现自己的价值，总是设定较高目标并努力完成任务
	自信心 U_{32}	对于在网上完成任务并获得报酬充满信心
	坚韧性 U_{33}	在条件不利的情况下，克服困难，完成任务
学习总结能力 U_4	学习能力 U_{41}	积极获取和理解相关知识，不断更新自己的知识结构，提高自己的工作技能；对事物具有较强的好奇心，希望对事物有比较深入的理解；善于利用一切可能的机会获取对工作有帮助的知识
	总结能力 U_{42}	对于以往成功的任务总结经验；对于以往失败的任务总结教训
	外界信息收集处理 U_{43}	在完成任务的过程中，积极努力从外部去索取有用信息，并对原始信息进行处理为自己使用

（续表）

一级指标	二级指标	指标说明
研发创新能力 U_5	任务需求理解能力 U_{51}	准确理解任务要求，理解发布任务的目的，把握任务最终效果
	专业知识技术掌握和运用能力 U_{52}	掌握并熟练运用完成任务所需要的专业知识和技术
	创新能力 U_{53}	又称创意，是一种具有开创意义的活动；通过开拓认知的新领域来解决问题；通过尝试新方法和新途径来解决问题；通过创造或引进新的观念来解决问题
竞争意识 U_6	竞争决策 U_{61}	通过判断任务竞争激烈程度，选择任务、参与竞争
	自我定位与评估 U_{62}	有自知之明，了解自己的能力，准确分析和认识自我，知道适合自己的任务类型或规模，能够根据自己的能力选择适合自己的任务

7.2　网上创新外包研发人员评价指标权重的确定与评价数据来源

7.2.1　网上创新外包研发人员评价指标权重的确定

对于网上创新任务而言，不同类型的任务对于胜任力的需求程度不同，使得权重与任务类型很相关。例如，开发类创新任务对于学习总结能力要求较高，设计类任务对于创新能力要求较高，文案类任务对于服务取向能力要求较高。

传统的指标权重计算方法有很多，但基本上可以归纳为两大类：主观赋权法和客观赋权法，每种方法都有其优缺点。

表 7.2　两种权重计算方法

	特点	优点	缺点	举例
主观赋权法	由专家根据经验进行主观判断而得到权数	权数值是由专家根据自己的经验和对实际的判断主观给出的，可以有效地确定各测评指标权重在重要程度方面的权系数的先后顺序，研究较早，方法成熟	依赖人的主观判断	层次分析法、综合评分法、模糊评价法、指数加权法、功效系数法

（续表）

	特点	优点	缺点	举例
客观赋权法	根据指标之间的相关关系或各项指标的变异系数来确定权数	不依赖人的主观判断	需要较大的数据集	群决策方向合成法、主成分分析法、因子分析法

由于在当前的网上创新外包环境下无法获得较大的数据集，导致无法采用客观赋权法。本书结合主观分析和层次分析法对网上创新外包研发人员胜任力指标权重进行设置。为了尽量避免主观赋权法受人为干扰较大的缺点，在实际中尽量提高专家样本的质量和数量，邀请多个专家参与评价以提高判断矩阵的质量。具体过程为：

（1）构建多层次评价结构。依据网上创新外包研发人员胜任力评价指标体系构建 6 个二级指标和 18 个三级指标，得到一个三层的能力评价系统，第一层为目标层，第二层为准则层，第三层为指标层。

（2）运用专家咨询法构造两两比较判断矩阵，求矩阵特征向量和特征根，并进行一致性验证，得出各项指标的权重。设评价指标 U_i 的权重集记做：$A=(a_1, a_2, a_3, a_4, a_5, a_6)$，满足 $a_i \geqslant 0$，$\sum_{i=1}^{6} a_i = 1$。其中 a_i 表示评价指标 U_i 在 U 中的权重。

设评价指标 U_{ij} 的权重集记做：$a_i=(a_{i1}, a_{i2}, \cdots, a_{ik})$，$i=1,2,3,4,5,6$；满足 $a_{ij} \geqslant 0$，$\sum_{j=1}^{k} a_{ij} = 1$。其中 a_{ij} 表示指标 U_{ij} 在 U_i 中的权重。

7.2.2 网上创新外包研发人员胜任力评价数据来源

为了提高评价过程的客观性，需要努力挖掘客观信息的价值，并把定量信息和定性信息进行综合，提高评价结果的综合性和全面性。

在网上创新外包平台上，部分准则层和指标层数据可以通过对客观数据的分析获得，提高了评价的客观性。

1）服务取向

在每次网上创新外包交易结束后，任务发布方通常对研发人员是否高质量地完成任务、服务态度是否热情周到、沟通是否畅通和谐、对发布方提出的意见能否及时处理等各种因素进行综合评价。可以以“好”“一般”“差”等定性指标进行衡量，也可以以五分制或百分制等定量指标进行衡量。服务态度是发布方对研发人员服务评分的综合平均值，好评率是研发人员得到的好评数量占所有承接任务数量的百分比，服务态度和好评率是体现研发人员服务取向能力的重要客观数据。

网上创新外包平台上的资料认证包括：实名认证、银行卡认证、手机认证和邮箱认证。这4项认证均能反映研发人员的有效资料信息及真实的身份。在任务交易中能起到提高买卖双方可信度，打击作弊的作用，最大化地保障交易质量，是诚信的一种体现。

很多网上创新外包平台提供诚信保障服务，研发人员承诺为买家提供保障服务（“原创保证”“免费修改”“保证完成”），并签署诚信保障服务协议，同时冻结诚信保障保证金。如果研发人员未能履行服务承诺，则从研发人员冻结的保证金当中扣除相应金额给予买家补偿，保障买家的权益。是否能够提供诚信保障服务是研发人员诚信能力的体现。

2）社交能力

研发人员可以通过网站内部短消息和任务留言等方式及时和发布方交流，汇报任务的完成进展，为发布方答疑解惑，因此研发人员在网上创新外包平台上发布的交流信息也在一定程度上反映了研发人员的社交水平。

网上创新外包平台含有针对研发人员交流与沟通、学习与娱乐的网络社交平台。如猪八戒网的猪圈，旨在帮助会员在猪八戒网建立会员关系，让所有会员在猪八戒网进行畅通的交流、分享、沟通与学习。猪圈中有猪友人数、关注人数、粉丝人数，在猪圈中的表现记录是体现研发人员社交能力的重要数据。

3）成就导向

在网上创新外包平台上，研发人员的能力记录栏目中记载了做过的所有任务与评价，包含每个任务详细的任务要求、任务金额、任务完成过程、任务中标结果、发布方给出的任务评价。通过研发人员随着时间递进而完成任务的难度和规模的变化分析，进而体现研发人员的上进心程度，通过任务修改过程的数据可以体现研发人员的坚韧性程度，通过完成任务的过程中的交流沟通数据和任务成功率可以体现研发人员的自信程度。

4）学习总结能力

通常情况下，研发人员在创新外包平台上提供的学习经历可以体现自身的学习能力。

以时间顺序为观测角度，通过对研发人员能力记录中成功任务和失败任务的原因进行分析，可以衡量研发人员对于以往经验的总结能力和外界信息的收集处理能力。

5）研发创新能力

在创新外包平台上提供的资历证书、学习经历和工作经历体现研发人员具有一定的专业知识技术掌握和运用能力。

每次网上创新外包交易结束后，发布方对于研发人员的工作速度和完成质量给予评价，研发人员工作速度和完成质量的综合评价结果可以体现自身的研发创新能力。

在网上创新外包平台上，研发人员可以展示自己曾经的作品和成功案例，展示待出售的知识产品，这些案例和知识产品可以体现一定的研发创新能力。

在网上创新外包平台上，研发人员的能力记录栏目中记载了参与的所有任务与评价，对于能力记录的分析可以体现研发人员的研发创新能力。

中标是指在任务悬赏过程中，研发人员在任务截止时间前顺利完成任务，经评估筛选后决定选取该研发人员提交的知识成果同时将任务奖金支付给该研发人员。中标率＝中标任务数/参与任务数。中标率反映了研发人员在所参与的任务中获得成功的比率，是衡量研发人员研发创新能力水平的重要数据。

任务收入是指研发人员在网上创新外包平台上获得的实际总收入。任务收入是由研发人员成功中标的任务数量和每个任务的奖金共同决定的。对于单个任务而言，任务越复杂或难度越高，奖金通常也越多。高收入体现了知识型研发人员已经在平台中成功完成了较多数量的任务或者完成了一些难度较高的任务，同时体现了该研发人员具有较高的研发创新水平。

6）竞争意识

在网上创新外包平台上，研发人员可以设计自我介绍栏目，它是任务发布方了解研发人员的窗口，通过对该栏目布局、口号、宗旨和以往成就的分析，可以体现研发人员的竞争决策能力。

能力标签体现研发人员对于自己所能擅长的任务领域的认知情况，能力标签会被研发人员标注在自我介绍页面的显著位置，通过将能力标签和能力记录中成功与失败案例的对比，可以体现研发人员的自我定位与评估能力。

网上创新外包人才胜任力 U
服务取向 U_1
任务导向 U_{11}
换位思考 U_{12}
主动性 U_{13}
诚信 U_{14}
社交能力 U_2
关系建立与保持 U_{21}
沟通能力 U_{22}
情绪稳定 U_{23}
成就导向 U_3
上进心 U_{31}
自信心 U_{32}
坚韧性 U_{33}
学习总结 U_4
学习能力 U_{41}
总结能力 U_{42}
外界信息收集处理 U_{43}
研发创新 U_5
任务需求理解能力 U_{51}
专业知识技术掌握和运用能力 U_{52}
创新能力 U_{53}
竞争意识 U_6
竞争决策 U_{61}
自我定位与评估 U_{62}

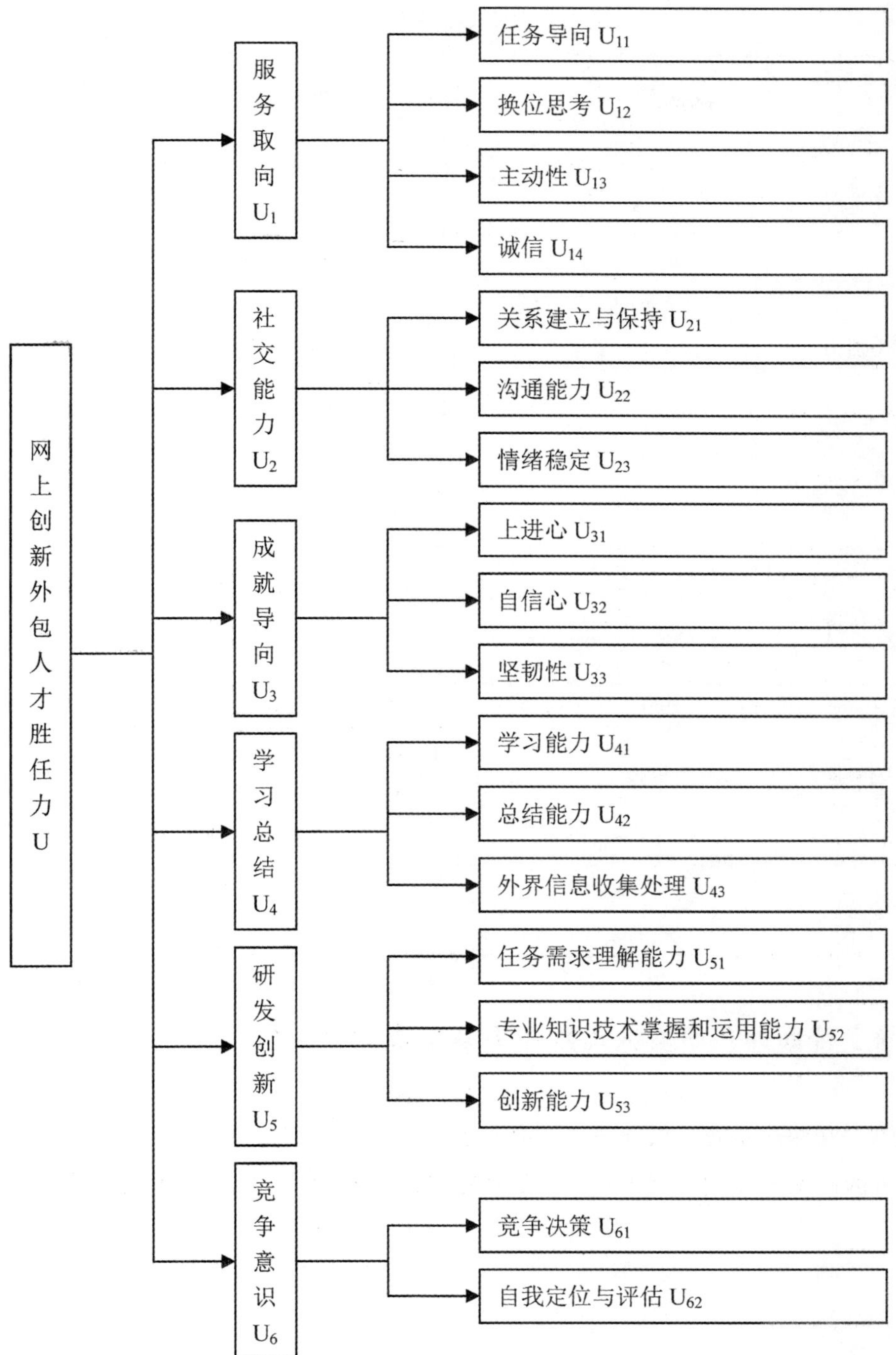

图 7.1　多层次评价结构

表 7.3　评价数据来源

<table>
<tr><th>第二层指标</th><th>第三层指标</th><th colspan="2">评价数据来源</th></tr>
<tr><td rowspan="4">服务取向</td><td>任务导向</td><td colspan="2" rowspan="3">服务态度、好评率</td></tr>
<tr><td>换位思考</td></tr>
<tr><td>主动性</td></tr>
<tr><td>诚信</td><td colspan="2">诚信保障服务、资料认证</td></tr>
<tr><td rowspan="3">社交能力</td><td>关系的建立与保持</td><td colspan="2" rowspan="3">交流信息记录、网络社交平台</td></tr>
<tr><td>沟通能力</td></tr>
<tr><td>情绪稳定</td></tr>
<tr><td rowspan="3">成就导向</td><td>自信心</td><td colspan="2" rowspan="3">能力记录</td></tr>
<tr><td>上进心</td></tr>
<tr><td>坚韧性</td></tr>
<tr><td rowspan="3">学习总结能力</td><td>学习能力</td><td colspan="2">学习经历</td></tr>
<tr><td>总结能力</td><td colspan="2" rowspan="2">能力记录</td></tr>
<tr><td>外界信息收集处理</td></tr>
<tr><td rowspan="3">研发创新能力</td><td>任务需求理解能力</td><td></td><td rowspan="3">工作速度、完成质量、案例展示、产品展示、中标率、任务收入、能力记录</td></tr>
<tr><td>专业知识技术掌握和运用能力</td><td>资历证书、学习经历、工作经历</td></tr>
<tr><td>创新能力</td><td></td></tr>
<tr><td rowspan="2">竞争意识</td><td>竞争决策</td><td colspan="2">自我介绍</td></tr>
<tr><td>自我定位与评估</td><td colspan="2">能力标签</td></tr>
</table>

7.3　网上传新外包研发人员胜任力多层次综合评价

7.3.1　传统的研发人员胜任力评价方法

已有的研发人员胜任力评价方法的特点、优点、不足和适用情况如表 7.4 所示。

表 7.4　胜任力评价方法

方法	特点	优点	不足	适用
层次分析法	将问题分解为有序的递阶层次结果，通过两两比较主观经验予以量化	符合分解、判断、综合的决策思维，定性分析与定量分析相结合	评价过程的随机性，评价专家主观性，判断矩阵可能出现不一致现象	目标结果复杂且缺乏数据的情况
模糊评价法	将边界不清、不适宜定量的因素定量化	定性与定量相结合，能够体现判断的模糊性和不确定性	可能出现指标间相关造成的评价信息重复的问题，带有主观性	定性信息较多的情况
TOPSIS 评价法	逼近于理想解	对于数据分布、样本量和指标多少无严格限制，信息损失较少	权重确定的主观随意性，评价结果不具有唯一性	指标数和对象数较少的情况
灰色评价法	认为统计曲线的形状越接近关联度越大	能够较好地与常规多元回归分析方法相对比，无需大样本、计算简单	理论基础狭隘，指标的选择对评价结果影响过大	少量数据、富含不确定信息
可拓决策评价法	最大限度满足主指标的要求，对矛盾问题进行物元转换	定量与定性相结合，找到全局最优	一般局限于一级评价	事物评判问题，数据充分
基于 BP 人工神经网络的评价方法	建立符合人类思维模式的定性与定量相结合的方法	神经网络具有自适应能力、可容错性；能处理非线性、非局域性与非凸性的大型复杂系统	神经网络的精度不高，需要大量的训练样本	大样本数据
粗糙理论评价法	建立属性的约简，产生决策规则	依据属性重要性，去除不重要因素	算法执行效率低，仅仅可以离散化属性	数据充分明确

7.3.2　评价方法的选择

从本质上来说，网上创新外包研发人员胜任力的评价是一个多层次、多属性决策问题。我们需要将研究问题分解为有序的递阶层次结构，按照分解、判断、综合的过程来完成评价过程，所以在保证判断矩阵一致性的前提下应用层次分析法进行评价。

在研发人员胜任力的评价过程中，因为评价指标的取值难以用精确的数值来表达，评价准则存在模糊性而使得应用模糊评价方法成为必然。

同时因为评判者的能力与偏好不同，评价信息存在不确定和不完全的特点，即评价信息存在灰度，这就为应用灰色系统理论提供了依据[177,178]。

为了全面、客观、公正、科学地评价研发人员的胜任力，本书将层次分析法、灰色系统理论[179,180]和模糊评价法综合集成在一起，充分发挥各种经典方法的优点，相互弥补和控制各自的弱点，从而得到一个多层次综合评价方法。

7.3.3 网上创新外包研发人员胜任力多层次综合评价过程

多层次综合评价过程如下：

1）确定评价指标体系

网上创新外包研发人员胜任力的评价指标体系如图 7.1 所示。评价指标体系包括三个层次：目标层、准则层和指标层。设 U 为评价指标集，那么 $U=\{U_1,U_2,U_3,U_4,U_5,U_6\}$，其中 $U_1=\{U_{11},U_{12},U_{13},U_{14}\}$，$U_2=\{U_{21},U_{22},U_{23}\}$，$U_3=\{U_{31},U_{32},U_{33}\}$，$U_4=\{U_{41},U_{42},U_{43}\}$，$U_5=\{U_{51},U_{52},U_{53}\}$，$U_6=\{U_{61},U_{62}\}$。

2）确定评价指标权重

基于层次分析法的原理，即运用专家咨询法构造两两比较判断矩阵，求矩阵特征向量和特征根，并进行一致性验证，得出各项指标的权重。

设评价指标 U_i 的权重集记做：$A=(a_1, a_2, a_3, a_4, a_5, a_6)$，满足 $a_i \geqslant 0$，$\sum_{i=1}^{6} a_i=1$。其中 a_i 表示评价指标 U_i 在 U 中的权重。

设评价指标 U_{ij} 的权重集记做：$a_i=(a_{i1}, a_{i2}, \cdots, a_{ik})$，$i=1,2,3,4,5,6$；满足 $a_{ij} \geqslant 0$，$\sum_{j=1}^{k} a_{ij}=1$。其中 a_{ij} 表示指标 U_{ij} 在 U_i 中的权重。

3）确定评价等级

通过制定评价等级可以实现定性指标的量化。考虑到人们思维的最大分辨力，本书的评价等级为“很强”“强”“一般”“差”“很差”，分别赋值为(9,7,5,3,1)。8、6、4、2 表示该指标等级介于两个相邻等级之间。

4）基于评价数据源对研发人员进行多人次评价分析

设有 r 位专家，专家序号记为 t，$t=1, 2, \cdots, r$。根据评价等级，依据被评价人的客观评价数据，组织专家对评价数据进行分析，得到被评价人的每项指标分值。

5）确定评价样本矩阵

第 t 位专家对第 i 个指标的评价样本记为 d_{ti}，评价样本矩阵为：

$$\boldsymbol{D}=\begin{bmatrix} d_{11}\cdots d_{1i}\cdots d_{1n} \\ \vdots \quad \vdots \quad \vdots \\ d_{t1}\cdots d_{ti}\cdots d_{tn} \\ \vdots \quad \vdots \quad \vdots \\ d_{r1}\cdots d_{ri}\cdots d_{rn} \end{bmatrix}$$

在评价样本矩阵中，下标 i 为指标的顺序数字，其中 $i=1, 2, \cdots, 18$。例如，$i=1$ 指的是对第一个指标 U_{11} 进行评价，$i=5$ 指的是对第五个指标 U_{21} 进行评价。

6）确定评价灰类[181][182]

在对网上创新外包研发人员胜任力的评价进行分析的基础上，将评价灰类分为五类。每个评价灰类包含定义评级等级、灰类的灰数和白化权函数。五个评价灰类的序号分别为 e=1,2,3,4,5，分别表示“很强”“强”“一般”“差”“很差”。

第一个灰类表示“很强”(e=1)，相应的白化权函数被定义为：

$$f_1(d_{ti})=\begin{cases} d_{ti}/9, 0\leqslant d_{ti}\leqslant 9 \\ 1, \quad d_{ti}\geqslant 9 \\ 0, \quad d_{ti}\leqslant 0 \end{cases}$$

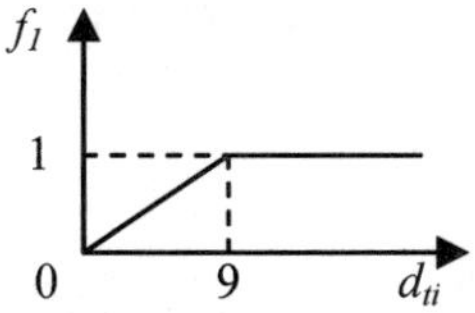

第二个灰类表示“强”(e=2)，相应的白化权函数被定义为：

$$f_2(d_{ti})=\begin{cases} d_{ti}/7, \quad 0\leqslant d_{ti}\leqslant 7 \\ 2-d_{ti}/7, 7\leqslant d_{ti}\leqslant 14 \\ 0, \quad d_{ti}\leqslant 0 \text{ or } d_{ti}\geqslant 14 \end{cases}$$

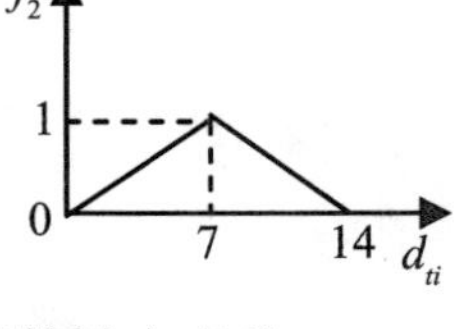

第三个灰类表示“一般”(e=3)，相应的白化权函数被定义为：

$$f_3(d_{ti})=\begin{cases} d_{ti}/5, \quad 0\leqslant d_{ti}\leqslant 5 \\ 2-d_{ti}/5, 5\leqslant d_{ti}\leqslant 10 \\ 0, \quad d_{ti}\leqslant 0 \text{ or } d_{ti}\geqslant 10 \end{cases}$$

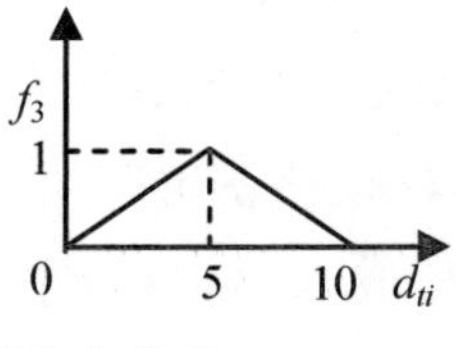

第四个灰类表示“差”(e=4)，相应的白化权函数被定义为：

$$f_4(d_{ti})=\begin{cases} d_{ti}/3, & 0\leqslant d_{ti}\leqslant 3 \\ 2-d_{ti}/3, & 3\leqslant d_{ti}\leqslant 6 \\ 0, & d_{ti}\leqslant 0 \text{ or } d_{ti}\geqslant 6 \end{cases}$$

第五个灰类表示“很差”(e=5),相应的白化权函数被定义为：

$$f_5(d_{ti})=\begin{cases} d_{ti}, & 0\leqslant d_{ti}\leqslant 1 \\ 2-d_{ti}, & 1\leqslant d_{ti}\leqslant 2 \\ 0, & d_{ti}\leqslant 0 \text{ or } d_{ti}\geqslant 2 \end{cases}$$

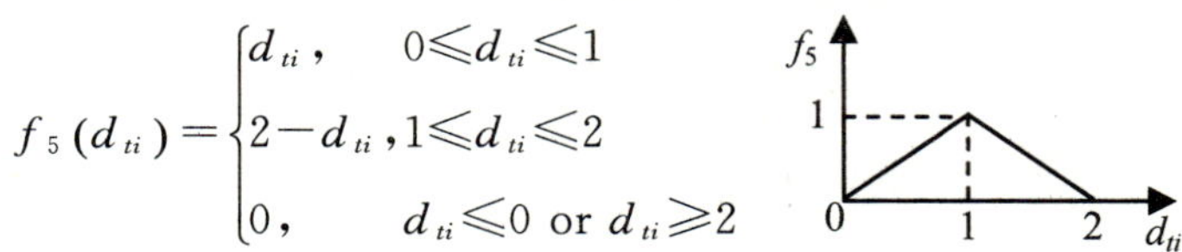

7）计算灰色评价统计数

利用灰色统计法，根据白化权函数，得到第 g 类评价等级中 d_{ti} 对应的权数 $f_g(d_{ti})$，进而得到评判矩阵的灰色统计数 n_{ig}。

$$n_{ig}=\sum_{t=1}^{r} f_g(d_{ti})$$

假设共有 k 类评价等级，总灰数统计数为：

$$n_i=\sum_{g=1}^{k} n_{ig}$$

8）计算灰色评价权值和模糊权矩阵

在得到 n_{ig} 和 n_i 后，U_{ij} 的灰色评价权值的计算公式为：

$$r_{ig}=\frac{n_{ig}}{n_i}$$

由 r_{ig} 构成的 U_i 对应的模糊权矩阵为：

$$\boldsymbol{R}_i=\begin{bmatrix} R_{11} \\ \vdots \\ R_{52} \end{bmatrix}=\begin{bmatrix} r_{11}\cdots r_{1g}\cdots r_{1k} \\ \vdots \quad \vdots \quad \vdots \\ r_{i1}\cdots r_{tg}\cdots r_{tk} \\ \vdots \quad \vdots \quad \vdots \\ r_{n1}\cdots r_{rg}\cdots r_{rk} \end{bmatrix}$$

9）对 U_i 做综合评价

对 U_i 做综合评价，其综合评价结果记为 B_i，则有：$B_i=a_i \times R_i$。

10）对 U 做综合评价

通过 B_i 可以得到 U 对于各评价灰类的灰色评价权矩阵为：$\boldsymbol{R}=[B_1, B_2, B_3, B_4, B_5, B_6]^T$。

于是，对 U 做综合评价，其综合评价结果记为 B，则有：$B=A \times R$。

11）计算最终综合评价值

对综合评价结果 B 进行单值化处理，得到被评的网上创新外包研发人员胜任力的最终评价值为：$S=BV^T$，其中 $V=(9,7,5,3,1)$。

7.3.4　网上创新外包研发人员胜任力多层次综合评价应用

现有某企业通过网上创新外包平台寻找合适的研发人员为企业设计 LOGO，有 F_1，F_2，F_3，F_4，F_5 五个研发人员希望参与该项目，根据本书的多层次综合评价方法对每个研发人员进行评价。

利用层次分析法，通过比较判断矩阵得到图 7.1 中相应的权重向量为：

$$\boldsymbol{A}=(0.207,0.127,0.122,0.165,0.272,0.107)$$

$$\boldsymbol{a}_1=(0.270,?\ 0.278,0.229,0.223)$$

$$\boldsymbol{a}_2=(0.322,0.359,0.319)$$

$$\boldsymbol{a}_3=(0.351,0.309,0.34)$$

$$\boldsymbol{a}_4=(0.342,0.336,0.322)$$

$$\boldsymbol{a}_5=(0.287,0.357,0.356)$$

$$\boldsymbol{a}_6=(0.478,0.522)$$

根据评价等级，依据被评价人的客观评价数据，组织五位专家对每个被评价人的评价数据进行分析，得到被评价人的每项指标分值。被评价人 F_1 的分数如表 7.5所示。

表 7.5　F_1的分数

专家	指标																	
	U_{11}	U_{12}	U_{13}	U_{14}	U_{21}	U_{22}	U_{23}	U_{31}	U_{32}	U_{33}	U_{41}	U_{42}	U_{143}	U_{51}	U_{52}	U_{53}	U_{61}	U_{62}
1	7	8	6	5	7	6	6	6	7	7	7	9	5	6	7	9	5	7
2	8	9	7	6	6	8	8	6	6	8	7	8	6	5	8	7	6	7
3	7	9	5	6	7	7	7	6	7	8	9	9	7	6	6	6	6	8
4	8	7	7	6	7	7	9	8	8	7	8	8	6	7	6	7	5	7
5	8	8	5	7	8	6	5	6	7	7	9	7	4	7	8	8	7	7

根据专家打分，得到 $\boldsymbol{F}_1$ 的胜任力评价样本矩阵：

$$\boldsymbol{D}=\begin{bmatrix}7&8&6&5&7&6&6&6&7&7&7&9&5&6&7&9&5&7\\8&9&7&6&6&8&8&6&6&8&7&8&6&5&8&7&6&7\\7&9&5&6&7&7&7&6&7&8&9&9&7&6&6&6&6&8\\8&7&7&6&7&7&9&8&8&7&8&8&6&7&6&7&5&7\\8&8&5&7&8&6&5&6&7&7&9&7&4&7&8&8&7&7\end{bmatrix}$$

接着计算灰色统计数，对于评价指标 U_{11} 而言，灰色统计数位 n_{1g}，$g=\{1,2,3,4,5\}$，

当 $g=1$ 时，

$$\begin{aligned}n_{11}&=\sum_{t=1}^{5}f_1(d_{t1})=f_1(d_{11})+f_1(d_{21})+f_1(d_{31})+f_1(d_{41})+f_1(d_{51})\\&=f_1(7)+f_1(8)+f_1(7)+f_1(8)+f_1(8)\\&=4.222\end{aligned}$$

当 $g=2$ 时，

$$\begin{aligned}n_{12}&=\sum_{t=1}^{5}f_2(d_{t1})=f_2(d_{11})+f_2(d_{21})+f_2(d_{31})+f_2(d_{41})+f_2(d_{51})\\&=f_2(7)+f_2(8)+f_2(7)+f_2(8)+f_{21}(8)\\&=4.571\end{aligned}$$

当 $g=3$ 时，

$$\begin{aligned}n_{13}&=\sum_{t=1}^{5}f_3(d_{t1})=f_3(d_{11})+f_3(d_{21})+f_3(d_{31})+f_3(d_{41})+f_3(d_{51})\\&=f_3(7)+f_3(8)+f_3(7)+f_3(8)+f_3(8)\\&=2.4\end{aligned}$$

当 $g=4$ 时，

$$\begin{aligned}n_{14}&=\sum_{t=1}^{5}f_4(d_{t1})=f_4(d_{11})+f_4(d_{21})+f_4(d_{31})+f_4(d_{41})+f_{41}(d_{51})\\&=f_4(7)+f_4(8)+f_4(7)+f_4(8)+f_4(8)\\&=0\end{aligned}$$

当 $g=5$ 时，

$$\begin{aligned}n_{15}&=\sum_{t=1}^{5}f_5(d_{t1})=f_5(d_{11})+f_5(d_{21})+f_5(d_{31})+f_5(d_{41})+f_5(d_{51})\\&=f_5(7)+f_5(8)+f_5(7)+f_5(8)+f_5(8)\\&=0\end{aligned}$$

总灰色统计数为：

$$n_1=\sum_{g=1}^{5}n_{1g}=n_{11}+n_{12}+n_{13}+n_{14}+n_{15}=11.193$$

U_{11}的灰色评价权值分别为：

$$r_{11}=\frac{n_{11}}{n_1}=\frac{4.222}{11.193}=0.377$$

同理，可以计算出其他评价指标的灰色评价向量，所有的评价向量分别记做：$\boldsymbol{R}_{11}$，$\boldsymbol{R}_{12}$，$\boldsymbol{R}_{13}$，$\boldsymbol{R}_{14}$，$\boldsymbol{R}_{21}$，$\boldsymbol{R}_{22}$，$\boldsymbol{R}_{23}$，$\boldsymbol{R}_{31}$，$\boldsymbol{R}_{32}$，$\boldsymbol{R}_{33}$，$\boldsymbol{R}_{41}$，$\boldsymbol{R}_{42}$，$\boldsymbol{R}_{43}$，$\boldsymbol{R}_{51}$，$\boldsymbol{R}_{52}$，$\boldsymbol{R}_{53}$，$\boldsymbol{R}_{61}$，$\boldsymbol{R}_{62}$。

由灰色评价向量构成的模糊权矩阵为：

$$\boldsymbol{R}_1=\begin{bmatrix}R_{11}\\R_{12}\\R_{13}\\R_{14}\end{bmatrix}=\begin{bmatrix}0.337&0.408&0.215&0&0\\0.493&0.356&0.151&0&0\\0.356&0.229&0.356&0.059&0\\0.279&0.357&0.336&0.028&0\end{bmatrix}$$

$$\boldsymbol{R}_2=\begin{bmatrix}R_{21}\\R_{22}\\R_{23}\end{bmatrix}=\begin{bmatrix}0.335&0.406&0.259&0&0\\0.372&0.451&0.177&0&0\\0.342&0.365&0.264&0.029&0\end{bmatrix}$$

$$\boldsymbol{R}_3=\begin{bmatrix}R_{31}\\R_{32}\\R_{33}\end{bmatrix}=\begin{bmatrix}0.311&0.375&0.314&0&0\\0.335&0.406&0.259&0&0\\0.360&0.413&0.227&0&0\end{bmatrix}$$

$$\boldsymbol{R}_4=\begin{bmatrix}R_{41}\\R_{42}\\R_{43}\end{bmatrix}=\begin{bmatrix}0.414&0.399&0.186&0&\\0.434&0.395&0.171&0&0\\0.257&0.33&0.33&0.083&0\end{bmatrix}$$

$$\boldsymbol{R}_5=\begin{bmatrix}R_{51}\\R_{52}\\R_{53}\end{bmatrix}=\begin{bmatrix}0.287&0.369&0.317&0.028&0\\0.327&0.421&0.252&0&0\\0.360&0.413&0.228&0&0\end{bmatrix}$$

$$\boldsymbol{R}_6=\begin{bmatrix}R_{61}\\R_{62}\end{bmatrix}=\begin{bmatrix}0.231&0.420&0.301&0.048&0\\0.343&0.417&0.240&0&0\end{bmatrix}$$

准则层中的每个指标$U_i(i=1,2)$的综合评价分别为：

$B_1=a_1\times R_1$

$$=(0.270,0.278,0.229,0.223)\times\begin{bmatrix}0.337 & 0.408 & 0.215 & 0 & 0\\0.493 & 0.356 & 0.151 & 0 & 0\\0.356 & 0.229 & 0.356 & 0.059 & 0\\0.279 & 0.357 & 0.336 & 0.028 & 0\end{bmatrix}$$

$$=(0.361\ \ 0.342\ \ 0.266\ \ 0.021\ \ 0)$$

$B_2=a_2\times R_2$

$$=(0.322,0.359,0.319)\times\begin{bmatrix}0.335 & 0.406 & 0.259 & 0 & 0\\0.372 & 0.451 & 0.177 & 0 & 0\\0.342 & 0.365 & 0.264 & 0.029 & 0\end{bmatrix}$$

$$=(0.351\ \ 0.409\ \ 0.231\ \ 0.009\ \ 0)$$

$B_3=a_3\times R_3$

$$=(0.351,0.309,0.34)\times\begin{bmatrix}0.311 & 0.375 & 0.314 & 0 & 0\\0.335 & 0.406 & 0.259 & 0 & 0\\0.360 & 0.413 & 0.227 & 0 & 0\end{bmatrix}$$

$$=(0.335\ \ 0.398\ \ 0.267\ \ 0\ \ 0)$$

$B_4=a_4\times R_4$

$$=(0.342,0.336,0.322)\times\begin{bmatrix}0.414 & 0.399 & 0.186 & 0 & 0\\0.434 & 0.395 & 0.171 & 0 & 0\\0.257 & 0.33 & 0.33 & 0.083 & 0\end{bmatrix}$$

$$=(0.370\ \ 0.375\ \ 0.227\ \ 0.027\ \ 0)$$

$B_5=a_5\times R_5$

$$=(0.287,0.357,0.356)\times\begin{bmatrix}0.287 & 0.369 & 0.317 & 0.028 & 0\\0.327 & 0.421 & 0.252 & 0 & 0\\0.360 & 0.413 & 0.228 & 0 & 0\end{bmatrix}$$

$$=(0.327\ \ 0.403\ \ 0.262\ \ 0.008\ \ 0)$$

$B_6=a_6\times R_6$

$$=(0.478,0.522)\times\begin{bmatrix}0.231 & 0.420 & 0.301 & 0.048 & 0\\0.343 & 0.417 & 0.240 & 0 & 0\end{bmatrix}$$

$$=(0.289\ \ 0.418\ \ 0.269\ \ 0.023\ \ 0)$$

目标层 U 的综合评价权矩阵为：

$$\boldsymbol{R}=\begin{bmatrix}B_1\\B_2\\B_3\\B_4\\B_5\\B_6\end{bmatrix}=\begin{bmatrix}0.303 & 0.373 & 0.312 & 0.056 & 0\\0.343 & 0.404 & 0.249 & 0.004 & 0\\0.335 & 0.398 & 0.267 & 0 & 0\\0.370 & 0.375 & 0.227 & 0.027 & 0\\0.327 & 0.403 & 0.262 & 0.008 & 0\\0.289 & 0.418 & 0.269 & 0.023 & 0\end{bmatrix}$$

目标层 U 的评价向量为：

$$\boldsymbol{B}=A\times R=(0.207,0.127,0.122,0.165,0.272,0.107)\times\begin{bmatrix}0.303 & 0.373 & 0.312 & 0.056 & 0\\0.343 & 0.404 & 0.249 & 0.004 & 0\\0.335 & 0.398 & 0.267 & 0 & 0\\0.370 & 0.375 & 0.227 & 0.027 & 0\\0.327 & 0.403 & 0.262 & 0.008 & 0\\0.289 & 0.418 & 0.269 & 0.023 & 0\end{bmatrix}=(0.344\ \ 0.411\ \ 0.278\ \ 0.021\ \ 0)$$

目标层 U 的最终综合评价值为：

$$S=B\times V^T=(0.344\quad 0.411\quad 0.278\quad 0.021\quad 0)\times(9\quad 7\quad 5\quad 3\quad 1)^T=7.426$$

这样，我们得到了 F_1 的评价分值为 7.426。同理计算，F_2 的评价分值为 6.342，F_3 的评价分值为 6.793。F_4 的评价分值为 7.229，F_5 的评价分值为 7.156。五个被评价人的得分大小排序为：$F_1>F_4>F_5>F_3>F_2$。所以该企业应该选择 F_1 来设计 LOGO。

7.3.5　评价方法总结

(1) 多层次综合评价法能够克服单一评价方法的弱点，集成多种方法的优点，提高了评价算法的准确性和可靠性。

(2) 多层次综合评价的应用分析充分证明了该方法的算法可行，应用方便有效。对于网上创新外包研发人员胜任力的评价具有一定的借鉴作用和实际意义。

(3) 书中的评价样本矩阵是专家根据已有的评价标准和评价等级给出的，存在一定的人为因素影响。如何采取科学合理的方法获得准确真实的评价样本矩阵将是一项挑战性的工作。

(4) 本章研究尚有一些不足之处，例如大部分指标数据来源于研发人员以往参与网上创新外包任务的历史活动信息，这在信息不对称、缺乏信任监督机制的网络环境中确保了指标数据来源的真实有效，但不可避免地会对新进的参与者构成较强的壁垒，以往历史记录的缺乏往往使他们在参与竞争的初期会处于不利的地位。这一方面需要新近的参与者在初期通过自身努力来不断积累各项指标数值，例如可以通过不断参与任务使网站逐渐识别其知识偏好，通过认证、增加交流等方式提高自身的服务水平，可以选择参与竞争不激烈的任务以其获得企业认可而提升技能水平等。如何降低新进参与者的进入壁垒，使研发人员评价机制更完善合理，这也是今后需要重点研究的内容之一。

7.4 网上创新外包研发人员胜任力改进策略

对于研发人员而言，研发人员可以通过各种方式了解自己在 18 个胜任特征上的能力水平(例如，通过本书的正式问卷进行自评，或者采用多层次综合评价方法进行自评)，然后与本书得到的研发人员胜任力模型相对照，发现自己的不足，进而找到改进的方向，以利于在网上创新外包环境下的个人发展。

对应于胜任力模型中每个胜任特征上的不足，研发人员可以采用相应的改进策略。

服务取向维度包含任务导向、换位思考、主动性和诚信 4 个胜任特征。

在网上创新外包环境下，任务发布方提出创新任务，同时提供任务报酬，研发人员只有高效地完成任务才有可能获得奖金。研发人员必须从思想上重视任务，严格按照任务要求，以满足任务要求为目的，尽力提供高水平的解决方案。

在完成创新任务的过程中，研发人员需要认真观察、思考和处理研发问题，要把自己摆放在发包方的角度，对任务进行再认识、再把握，以便得到更准确的判断，使问题得到较合理地解决。换位思考，思想意识应先到位。具备正确的思想意识是进行换位思考的前提和基础。作为研发人员应明确换位思考的重要性，通过换位思考有助于增强研发人员与发包方之间的认知度与信任感，提高发包方满意度。只有意识到了换位思考的重要性和必要性，思想到位了，才能进行更加合理、有效的换位思考。正确进行换位，深入进行思考。换位思考只宜律己，不宜律他。作为研发人员只能要求自己进行换位思考，为发包方着想，而不能要求发包方为研发人员着想。

主动性是指个体按照自己规定或设置的目标行动，而不依赖外力推动的行为品质。主动性分为完成任务的主动性和人际交往的主动性。完成任务的主动性指采取多种方式和渠道，依靠多次主动行为最后实现目标。人际交往的主动性，指与其他人交往中的主动性，包括主动与人交流，发表自己的观点，对别人的观点进行分析评说，主动向发包方提供合理化建议和意见。

网上环境下建立的诚信对于研发人员非常重要，有利于得到更多的机会，产生更大的效益。研发人员要珍惜自己的诚信记录，待人处事真诚，对于任务、客户有高度的责任感，把完成任务作为自己的目标，勇于对于设定的任务目标承担个人相应的责任。

社交能力维度包含关系建立与保持、沟通能力和情绪稳定性 3 个胜任特征。

网络平台的虚拟性决定了双方信任的建立比较困难，研发人员应更加珍惜网上已有的人际关系，维护并巩固已有的人际关系，同时利用各种机会，通过良好的任务表现与新的任务发布方建立良好的合作关系，以便赢得发布方的信任与长期合作。

完成任务的过程往往需要与任务发布方进行有效的沟通。与日常生活中的沟通方式不同，网上沟通具有不见面、电子化沟通的特点。研发人员需要具有较好的理解别人语义的能力和表达能力。在与任务发布方的沟通中，要善于倾听，勇于发表自己的观点，理性沟通、敢于认错，有耐心和有智慧，还要并学会委婉拒绝。

在网上创新外包环境下，研发人员经常遇到不满意、不顺心和不公平的事情，这就需要研发人员能够冷静地处理和判断事物，时刻保持良好的心态，相信坏事情总会过去，一切都会变好。

成就导向维度包含上进心、自信心和坚韧性 3 个胜任特征。

上进心是指个人具有不满足于现状，对成功具有强烈的渴求，为了实现自己的价值，总是设定较高目标并努力完成任务，是取得优异绩效的核心驱动力。研发人员需要不断为自己设定更高的目标和愿景，乐于接受创造性的、有挑战性的工作，积极采取行动，不懈地追求事业上的进步。

自信心是一种不断超越自己，是一种来源于内心深处的最强大力量。这种强大的力量一旦产生，你就会产生一种毫无畏惧的感觉、一种“战无不胜”的感觉。研发人员的自信心主要是针对某领域的任务而言的，研发人员可以从能够出色完成的任务入手，不断培养自己的自信心，然后逐步提高任务等级和难度，进而不断加强自己的自信心。

在网上创新外包的过程中，经常出现多次修改的现象，具有较好坚韧性的研发人员往往能够坚持修改，直到完成任务为止。在网上创新外包环境下，研发人员更加需要具有坚韧性，对周围的一切以更加开放的态度，更宽容地接受各种可能性，直接面对的问题绝不回避，并且积极思考如何能够改善现状。

学习总结能力维度包含学习能力、总结能力和外界信息收集处理能力 3 个胜任特征。

网上创新外包研发人员的工作依靠的是其自身精深的专业知识及专业技能。随着科技的快速发展，为了适应网上创新任务对于技术要求越来越高的现状，研发人员需要不断学习，积极获取和理解相关知识，不断更新自己的知识结构，提高自己的工作技能。

在网上创新外包环境下，研发人员往往经历过许多次的成功和失败，这些经历对于研发人员的发展至关重要，研发人员需要对于以往成功的任务总结经验、发扬优点，对于以往失败的任务总结教训、避免再次犯错，进而逐步提高自身的胜任力。

在网上创新外包环境下，研发人员在完成任务的过程中经常会碰到新情况、新问题，同时网上环境往往提供了很多有用信息有助于解决这些问题，需要研发人员充分利用各种信息收集途径和工具，积极努力从外部去获取有用信息，对原始信息进行处理为自己使用。

研发创新能力维度包含任务需求理解能力、专业知识技术掌握运用能力和创新能力 3 个胜任特征。

为了完成创新外包任务，研发人员需要准确理解任务要求，理解发布任务的目的，把握任务最终效果。任务需求理解是研发工作的开始，准确的任务需求理解将能够使得研发人员快捷、高效地完成任务。可以通过查找资料、积累任务研发经验、向别人学习和与别人的积极探讨等途径来提升任务需求理解能力。

研发人员完成任务的过程需要反复使用专业知识技术。专业知识技术掌握运用能力是完成任务所需的知识技能条件，也是完成任务的保障。通过各种任务经验的积累和与别人的讨论均能提升专业知识技术掌握运用能力。

网上创新外包任务的创新性决定了研发人员创新能力的重要性。研发人员可以通过开拓认知新领域、尝试新方法和新途径、引进新观念来不断提高创新能力。

竞争意识维度包含竞争决策和自我定位与评估 2 个胜任特征。

竞争决策是指通过任务难度和任务奖金额度来判断任务竞争的激烈程度，进而决定是否参与竞争。通过自身参与任务的经验积累、与相似任务的对比来不断提升自身的竞争决策能力。

自我定位与评估能力包括自我感觉、自我概念、自我观察、自我分析和自我评估。通过对于网上创新外包经验的积累，研发人员明确自己的优势和劣势，了解自己的技术现状和能力水平，进而知道适合自己的任务类型和规模，能够根据自己的能力选择适合自己的任务。

7.5　本章小结

针对网上创新外包研发人员胜任力评价过程中富含不确定因素、评价信息不确切和不完全、评价过程难以用精确数值表达、易受主观偏好影响的现实问题，同时为了充分利用客观评价信息和专家评价信息的模糊性和灰性，提出一个将层次分析法、灰色系统理论和模糊评价法综合集成的多层次综合评价方法。

在建立胜任力评价指标体系的基础上，利用多层次综合评价方法对网上创新外包研发人员的胜任力进行综合评价研究。通过具体的应用表明，该评价方法切实可行，能够使得网上创新外包研发人员的胜任力评价更为科学、有效。

对于研发人员在不同胜任特征上的不足，本章给出了相应的改进策略。

第8章

结论与展望

8.1 研究结论

全球化和知识创新速度加剧的今天，企业的生存和可持续性发展受到了巨大的挑战，企业只有进行不断地创新才能在竞争中获得成功。随着人类社会的发展和进步，教育普及程度较高，专业教育比例不断提高。在很多行业，专业技术人员日益增多，流动性增强，企业可利用外部创新力量不断增强。随着通信基础设施和网络信息技术的迅速发展，依托于网络环境的创新外包模式正在迅速发展，使得过去只能面向专业机构的创新外包可以通过互联网扩展到全社会，让全社会的研发人员都能参与市场需要的创新。当前，网上创新外包模式发展非常迅速，在短短几年间，国内的网上创新外包平台就达上百家之多，如任务中国网、时间财富网、猪八戒网、K68网等。在这种模式下，具有创新需求的企业将自己的创新任务通过网络平台发布，并提供一定的资金来招募研发人员解决问题并完成任务。同时，研发人员则可以在网上创新外包平台上寻找适合自己的创新任务，提交解决方案后就有机会获得一定的报酬。这种模式降低了企业的创新成本，同时满足供需双方的需求，具有良好的发展前景。

但是，由于网上创新外包环境的复杂性和特殊性，创新任务竞争日益激烈，同时，研发人员不清楚完成任务并赢得奖金需要具备哪些能力、哪些能力会对绩效产生影响，因此导致研发人员过度竞争，找不到能力提升的方向，也不清楚绩效差异的原因。胜任力研究为解决以上问题提供了有效的思路，因此研究网上创新外包环境下研发人员胜任力的特征、驱动机理、模型，探寻胜任力与绩效之间的关系显得尤为重要。

本书利用胜任力相关理论，针对网上创新外包这种特殊环境，对研发人员的胜任力展开科学系统的研究。全书基于实证调查数据，以心理学、管理学、组织行为学、工程学和胜任力理论为依托，利用统计分析方法，开展网上创新外包研发人员胜任力的研究，以期探寻、分析研发人员胜任力模型及其与绩效的关系，进而有效解决以上研发人员存在的问题。

本书主要得到以下结论：

(1) 结论一：网上创新外包环境下研发人员胜任力模型包括 6 个维度 18 个胜任特征。

本书从两个视角构建胜任力模型，一个视角是基于关键事件访谈和探索性因子分析等实证分析方法得出初步的研发人员胜任力模型；另一个视角是从理论分析的角度来探寻并构建研发人员胜任力模型的理论框架；这样，将实证与理论两种研究方法相结合，基于系统的研究逻辑体系，构建了网上创新外包环境下研发人员胜任力模型。

本书以正式问卷数据为基础，通过验证性因子分析对研发人员胜任力的多因素斜交模型、二阶模型进行检验，结果显示数据与模型拟合较好，进而验证了网上创新外包研发人员胜任力模型。

研究结果表明，网上创新外包环境下研发人员胜任力模型包括 6 个维度 18 个胜任特征。这 6 个维度为：服务取向、社交能力、成就导向、学习总结能力、研发创新能力和竞争意识。

其中，在服务取向维度中，由任务导向、换位思考、主动性和诚信 4 个胜任特征构成，这与研发人员作为向任务发布方提供创新服务的服务者角色相对应。在网上创新外包环境下，研发人员提供的服务就是关注任务要求，从发布方的角度考虑问题，主动与客户沟通协作，只要给出承诺就会尽全力完成任务，以追求任务发布方满意作为工作的中心任务之一。

在社交能力维度中，由关系的建立与保持、沟通能力和情绪稳定性 3 个胜任特征构成，这体现了网上创新外包的双方交互性和社会性。网络的虚拟性导致双方较难建立互信，这会为双方的沟通带来各种新问题，在这种情况下，研发人员需要具有较好的基于网络平台的社交能力，遇事稳重，并能够创造性地开拓工作，利用沟通协调能力与各方面建立合作共赢，取得对方信任与配合，以便更好地完成外包任务。

在成就导向维度中，由上进心、自信心和坚韧性 3 个胜任特征构成，这是研发人员取得优异绩效的动力。在网上创新外包环境下，研发人员需要具有追求优异绩效的上进心特质；具有对完成所在领域任务充满信心的自信心特质；具有对于承接的任务坚持不懈的坚韧性特质。

在学习总结能力维度中，由学习能力、总结能力和外界信息收集处理能力 3 个胜任特征构成，这使得研发人员能够参与任务并不断进步。网上创新外包研发人员需要在工作过程中积极通过各种渠道获取与工作有关的信息和知识，并对获取的信息进行加工和理解，善于总结经验和教训，从而不断地更新自己的知识结构，提高自己的工作技能。

在研发创新能力维度中，由任务需求分析理解能力、专业知识技术掌握运用能力和创新能力 3 个胜任特征构成，这是研发人员出色完成任务所需具备的胜任力。研发人员在理解任务需求后，充分运用各种技术，善于尝试新方法和新途径，通过分析和判断来解决创新难题。

在竞争意识维度中，由竞争决策、自我定位与评估能力构成，这是研发人员参与任务竞赛的策略和意识。研发人员需要在认清自我能力的同时，善于根据任务奖金额度和难易程度来判断任务竞争的激烈程度，来决定是否参与任务竞赛。

以胜任力模型作为依据和参考，可以使得研发人员对网上创新外包环境下个体能力的要求有了清晰的认识，为解决网上创新外包环境下研发人员存在的问题、开展研发人员胜任力研究提供了基础，进而验证了研发人员胜任力的多层次、多维度结构。

(2) 结论二：网上创新外包研发人员胜任力对绩效具有正向影响。

本书将胜任力理论引入到研发人员绩效研究中，提出网上创新外包研发人员绩效模型，并利用结构方程模型对该模型进行了验证，在此基础上，进一步建立了胜任力—绩效模型，验证了研发人员胜任力对绩效存在正向影响。通过对研发人员胜任力的六个因子与绩效的两个因子的因果关系进行检验后发现，不同胜任力维度对绩效各个维度的影响程度不同。从而在得到胜任力对于绩效的影响机理的同时，也为研发人员绩效差异找到了原因。该研究成果为网上创新外包研发人员绩效研究建立了一个全新模式，为更好地提升研发人员绩效提供了切实可行的思路。

在参与创新任务外包竞争的过程中，网上创新外包研发人员需要注重两个方面：一个方面是注重任务绩效，即能够克服各种困难，在规定时间内保质保量地完成任务，对于研发人员任务绩效的提升，应着重于培养研发创新能力、服务取向、成就导向、学习总结能力、竞争意识和社交能力；另一个方面是注重关系绩效，即在完成任务的过程中，通过良好的服务态度为任务发布方提供愉悦的创新服务过程，为双方的长期合作奠定基础，对于关系绩效的提升，应着重于培养服务取向、社交能力和成就导向。

8.2　理论贡献

1）构建了网上创新外包环境下研发人员胜任力模型

胜任力模型已经得到了广泛应用，据资料表明，美国各类组织中有3/4引入了基于胜任力的人力资源管理，并取得了显著成效，胜任力模型正在逐步被接受并不断完善。网上创新外包环境下的研发人员是一个新兴群体，缺少对其进行的规范化、理论化的研究，将胜任力模型与这个研发人员群体结合，可以填补胜任力研究领域的空白，并能为网上创新外包研发人员绩效的提升提供有效的途径。在总结现有胜任力模型建立思路的基础上，采用理论分析和实证研究相结合的方式构建胜任力模型。在正式问卷数据的基础上，通过验证性因子分析对网上创新外包研发人员胜任力模型进行验证。最后得到具有网上创新外包特点的6个维度18个胜任特征构成的研发人员胜任力模型。

2）检验了网上创新外包环境下研发人员胜任力与绩效的关系

针对网上创新外包研发人员这一特殊群体，为了准确地把握研发人员胜任力对绩效的影响作用，本研究采用胜任力—绩效建模思路，初步构建和验证了研发人员胜任力与绩效的关系，证实了研发人员胜任力对绩效具有正向影响，检验了研发人员不同维度的胜任特征对于绩效不同维度具有不同的影响。

3）提出了一个适应于网上创新外包环境的研发人员胜任力多层次综合评价方法

针对网上创新外包研发人员胜任力评价过程中富含不确定因素、评价信息不确切和不完全、评价过程难以用精确数值表达、易受主观偏好影响的现实问题，同时为了充分利用客观评价信息和专家评价信息的模糊性和灰性，提出一个将层次分析法、灰色系统理论和模糊评价法综合集成的多层次综合评价方法。通过具体的应用表明，该评价方法切实可行，能够使得网上创新外包研发人员的胜任力评价更为科学、有效。

8.3 实践意义

(1) 有利于研发人员的发展。将胜任力模型作为工作准则,找出自身同绩效优异者之间的差异,充分挖掘自己的潜能,做到自我了解、自我设计、自我开发和自我发展。

(2) 有利于任务发布方选择合适的研发人员。将胜任力模型作为评价研发人员的依据和参考,对研发人员进行评价,挑选出合适的研发人员,进而提高外包成功率。

(3) 有利于网上创新外包模式的良性发展。将胜任力模型作为参考指标,研发人员可以根据自身特点合理选择任务,任务发布方可以评估研发人员的胜任力水平,这样可以促进研发人员和任务发布方参与网上创新外包的积极性,促进网上创新外包模式的良性发展。

8.4 本研究存在的不足

(1) 样本问题。本研究因为客观条件所限,选择的问卷对象仅限于猪八戒网站用户,缺乏与其他网站的比较。

(2) 研究胜任力与绩效之间关系的方法问题。本研究采取了横向研究的思路,采取问卷法来研究胜任力与绩效的关系。但是如果对同一批网上创新外包研发人员进行长时间跟踪了解,进行胜任力与绩效关系的纵向研究,将能更有力地验证胜任力对绩效的影响作用。

(3) 评价样本矩阵的主观影响。书中的评价样本矩阵是专家根据已有的评价标准和评价等级给出的,存在一定的人为因素影响。如何采取科学合理的方法获得准确真实的评价样本矩阵将是一项挑战性的工作。

8.5 后续研究展望

(1) 进一步完善调查问卷并尽力提高问卷的收集数量,使得问卷的信度、效度可以得到进一步地提高,以增加调查效果的可信性。

(2) 本书的问卷对象仅限于猪八戒网站用户,后续研究应该在这个方面做一些弥补和补充，以增强问卷的信度和效用。

(3) 在应用关键事件访谈法的过程中，受到客观条件的限制，参加访谈的人数与质量，可能对数据的采集和研究结果产生一定的影响，后续研究可以进一步增加访谈的人数，增加研究结果的可信度。

(4) 针对性样本研究。本研究中由于篇幅和时间、能力的限制，没有能够完全实现对样本进行细化研究，如依据性别分组、依据年龄分组、依据行业分组等。后续的研究可以针对分组进行深入细化地研究。

(5) 影响绩效的因素很多，本研究仅从胜任力的视角，来研究胜任力对于绩效的影响，后续的研究需要考虑更多其他因素对于绩效的影响。

(6) 网上环境使得企业和研发人员易于出现信息不对称的现象，怎样才能尽力实现双方的信息对称，这将是今后的一个研究方向。

8.6 供需双方匹配研究

只有承上才能启下，只有继往才能开来。本书的主要工作和创新体现在以下几个方面。

第一，传统的胜任力模型都是在不同环境背景下构建的，当前还没有学者针对网上创新外包这种特殊环境开发研发人员胜任力模型。本书在对网上创新外包和胜任力的相关理论进行总结与评述的基础上，分析了网上创新外包的产生原因、研发人员的角色定位与工作特征以及研发人员胜任力的影响机制与驱动机理，进而提出两个研究假设：网上创新外包研发人员胜任力是一个多层次、多维度的结构；网上创新外包研发人员胜任力与绩效之间存在正向的影响。

第二，如何完整、准确地提取出研发人员的胜任特征，如何科学系统地构建研发人员胜任力模型，这是本书研究的一个重点。本书从两个视角构建胜任力模型，一个是基于关键事件访谈和探索性因子分析等实证分析方法得出初步的研发人员胜任力模型；另一个是从理论分析的角度来探寻并构建研发人员胜任力模型的理论框架。这样，将实证与理论两种研究方法相结合，基于系统的研究逻辑体系，构建了网上创新外包环境下研发人员胜任力模型。

第三，研发人员胜任力模型是否准确、有效和可靠，这是研究的一个关键。本书以正式问卷数据为基础，通过验证性因子分析对研发人员胜任力的多因素斜交模型、二阶模型进行检验，结果显示数据与模型拟合较好，进而验证了网上创新外包研发人员胜任力模型。这样就使得研发人员对网上创新外包环境下个体能力的要求有了清晰的认识，为解决网上创新外包环境下研发人员存在的问题、开展研发人员胜任力研究提供了依据和参考，进而验证了研发人员胜任力的多层次、多维度结构。

第四，以往对于网上创新外包研发人员绩效的研究，着重从博弈论、机制设计、行为模式和影响因素的角度来研究。本书将胜任力理论引入到研发人员绩效研究中，提出网上创新外包研发人员绩效模型，并利用结构方程模型对该模型进行了验证，在此基础上，进一步建立了胜任力——绩效模型，验证了研发人员胜任力对绩效存在正向影响。从而在得到胜任力对绩效的影响机理的同时，也为研发人员绩效差异找到了原因。该研究成果为网上创新外包研发人员绩效研究建立了一个全新模式，为更好地提升研发人员绩效提供了切实可行的思路。

最后，针对网上创新外包研发人员胜任力评价过程中评价信息不确切和不完全、评价过程难以用精确数值表达、易受主观偏好影响的问题，提出一套用于研发人员胜任力评价的多层次综合评价方法和体系。

本书得出的主要结论是：通过对理论框架和实证结果的分析，得到网上创新外包环境下研发人员胜任力模型包括 6 个维度 18 个胜任特征；通过对胜任力——绩效的模型的分析，验证了研发人员胜任力对绩效存在正向的影响；通过对研发人员胜任力的六个维度与绩效的两个维度因果关系的分析，发现不同胜任力维度对绩效各个维度的影响程度不同。基于这些成果，研发人员可以找到自身能力提升的方向，找到绩效差异的原因，也就有效规避了研发人员之间的过度竞争；同时，企业也可以挑选出合适的研发人员，提高创新外包成功率；进而提高研发人员和企业参与网上创新外包的积极性，促进网上创新外包模式的良性发展。

尽管网上创新外包能够为企业和研发人员提供一个供需对接的平台，得到了供需双方的认可，并很快发展起来。但是，当前网上创新外包模式在其发展过程中遇到了许多障碍和挑战。其中最为突出的障碍表现在以下三个方面。

1）企业很难找到合格的研发人员，研发人员很难找到适合的研发任务

在网上创新外包平台上，企业发布研发任务，研发人员依据自身拥有的研发能力，查找适合的任务进行承接。但是，对于企业来说，企业直接在网上创新外包平台上发布任务，不清楚是否能够找到合格的研发人员，是否能够通过网上创新外包来解决提出的研发难题，否则就会白白遭受资金损失和时间浪费。同时，对于研发人员来说，因为面对的是海量研发任务，很难找到适合自身能力的研发任务，经过

多次研发竞争受挫后，研发人员就会降低网上创新外包的参与意愿度。

因此，这就要求网上创新外包平台建立良好的供需双方匹配机制，如果能够在网上创新外包合同确立之前，就做到供需双方的高效匹配，既可以帮助需求方找到合格的研发人员，又可以帮助供应方找到适合自身的研发任务，这样必将有助于增进供需双方对网上创新外包平台的信任，提高供需双方使用网上创新外包平台的意愿，促进网上创新外包的发展。

2）供需信息保密差

随着竞争的加剧，企业的研发方向往往需要高度保密，尤其不能被竞争对手察觉，但是在网上创新外包平台上发布的研发任务会对所有人公开，这样就暴露了企业的研发动向。同时，研发人员在网上创新外包平台上的个人信息也会对所有人公开，易于造成个人隐私泄露。

因此，企业和研发人员工既需要参与网上创新外包舞台，又不想泄露相关信息。如果网上创新外包平台能够提供供需双方的智能化匹配机制，保证企业能够快速找到合格的研发人员，保证研发人员能够准确找到适合的研发任务，就能将双方信息限制在较小的范围内，可以大大提高供需信息保密水平。

3）供应方残酷竞争造成人力资源浪费

在当前网上创新外包平台上，企业发布任务后，很多研发人员经过努力工作后纷纷提交解决方案，企业方通过方案比较来选出最好的解决方案，最后只有最好方案的提供者获得奖金，大部分研发人员白白付出，造成了严重的人力资源浪费。这样虽然能够保证企业得到较好的解决方案，但是研发人员却存在残酷竞争，致使研发人员的网上创新外包积极性逐渐降低。由于不清楚是否能够得到奖金，研发人员在网上创新外包中就不可能全力以赴地完成研发任务，就会致使企业得不到更好的方案，也会降低企业的网上创新外包热情。这种人力资源浪费严重阻碍了网上创新外包的发展。

如果网上创新外包平台能够提供一个良好的供需双方匹配机制，使得企业发布的技术难题能够由最合适的研发人员完成，就可以降低人力资源浪费，同时被选中的研发人员在效益可以预期的情况下，会更加努力地完成网上创新外包任务，企业也可以获得较好的解决方案。

综合以上分析，研发人员面对的难题是：如何在复杂的网上创新外包环境中寻找和自身能力相匹配的研发任务。同样，具有研发需求的企业面临的难题是：如何在复杂的网上创新外包环境中寻找到合格的研发人员来完成研发任务？

针对以上网上创新外包发展障碍，迫切需要实现供需双方的高效匹配，以便能够为企业推荐合格的研发人员，为研发人员提供适合的研发任务，有效提高供需信息的保密水平，降低研发人力资源浪费，充分利用互联网实施开放式研发创新，积极配合我国推进加快转变经济增长方式、实施研发创新驱动发展战略的需求。

在供需双方匹配研究的智能化实现领域，当前主要有两种方法：一种是基于本体的供需双方直接匹配，即将任务特征和研发人员特征以一定的形式表示并按照一定的匹配策略进行匹配；另一种则是通过案例推理（Case-Based Reasoning，CBR）的方法实现供需双方间接匹配，即利用已有的经验知识来解决当前问题，其基本思想是通过相似度算法对已有案例和问题案例进行相似度计算，将成功案例中的供需双方信息应用于新案例中的问题解决过程。

1）基于本体的供需双方直接匹配研究现状分析

Saip 在 1993 年通过构建双向图模型的方法来求解匹配问题，即通过双向图来连接研发人员和研发任务，通过构建成本函数来求解匹配问题[183]。Hillier 在 1995 年将匹配问题转化为指派问题，通过建立面向所有任务指派的目标函数，通过线性规划求解来完成最终匹配[184]。Becerra 建立了技能知识库，通过在匹配搜索过程中引入推理技术来实现技能关系的推理[185]。Garro 通过建立一个 XML multi-agent 系统来实现面向特定职位的企业人岗智能化匹配[186]。Sugawara 研究开发了基于 Agent 的远程员工—工作匹配技术[187]。Colucci 在 2005 年通过能力概念推理来实现临时团队构建[188,189,190]，并在 2007 年引入自信心因素来提高匹配准确度[191,192]。Hefke 构建了领域知识和隐性结果的关系，通过相似度计算来对结果进行排序和等级划分[193]。

以上分析发现，早期匹配技术主要采用三种方法：数据库查询、相似度计算和文本信息检索。因为早期匹配技术建立在所有的匹配信息都可以获取并能够实现标准化的基础上，但现实匹配过程中常常存在信息不可用和不完整的情况，从而导致匹配方法在实际应用中的效果并不理想。随着本体理论的发展，学者们逐渐开始尝试将本体知识引入到供需匹配方法中，用来提高实际匹配效果。

本体（Ontology）虽然起源于哲学，但在人工智能领域，本体被定义为共享概念模型的明确的形式化规范说明[194]，本体能够提供领域知识中概念的形式化定义以及概念之间的关系。OLeary 在 1998 年提出建立由常用词汇和词汇之间关系构成的知识库，通过语义推理来提升匹配效果[195,196]。Lau 将本体引入到能力管理系统中来，实现了员工能力的可视化展示，可以完成公司内部基于能力的人员检索[197]。

Holsapple通过将本体引入到知识管理中，实现了知识管理过程的形式化表示[198]。Hefke构建了一个面向任务的人员检索系统，通过引入本体实现了能力语义表达，通过本体推理来查找具备完成任务所需能力素质的员工[193]。Colucci通过引入本体来实现员工能力的语义表达，提高了针对特定任务的员工检索效果，该方法同时具备容错功能，能够在非精准匹配状态下完成检索过程及结果排序[199]。

2）基于案例推理的供需双方间接匹配研究现状分析

基于案例推理(CBR)首先是由美国耶鲁大学Roger Schank在研究动态存储器技术中发现的，是近年来人工智能领域中兴起的一项重要的推理技术，是模拟人类类比思维的一种基于记忆的、利用过去的案例和经验来解决新问题的一种方法。它能通过对比，从过去同类问题的求解方法和经验中寻找出适合当前问题的解决方案，并在当前问题的求解过程中不断对过去的经验和知识进行修正、学习，记录新的经验和知识，用于解决后来出现的问题。案例推理方法把知识获取简化为领域经验知识的收集，并以此为基础构建案例库，通过访问案例库中的相似案例的求解，从而获得当前问题的解决方法。这种类似于人类经验类比的推理方法，具有简化知识获取、提高求解效率、适用范围广等优点。

虽然案例推理的研究成果在不同的领域中都已发挥了重要的作用。但仍存在许多不足之处：①缺乏一致化的案例表达语言。即使在相同领域的不同系统中，案例表达语言也各不相同，存储管理各异，形成了一个个“信息孤岛”，导致了工作效率的降低和开发维护成本的上升。②案例库相对独立和封闭，不满足Web开放性的需要，而且案例推理过程不具有重用性。③定义案例的领域术语缺乏语义的支持。案例表达模式不具有通用性和扩展性，不适应于集成复杂外部信息的推理需要。本体理论的引入为解决以上问题提供了有效的方法。通过本体可以实现不同案例之间的语义交互，解决了信息孤岛问题；通过本体建立案例推理的形式化模型，实现案例推理的重用性；借助于本体实现案例的语义描述，为案例的通用和扩展提供支持。随着本体研究的日渐成熟，基于本体的CBR系统不断涌现出来。Aamodt通过将语义库辅助于案例推理，研发出效果良好的CREEK系统[200,201,202]。Wang在知识管理中引入本体CBR系统，研发得到基于语义的电脑故障检测系统[203]。Kang借助于本体知识库的支持，研发得到基于CBR的学生入学资格验证系统[204～207]。在国内，基于本体的CBR系统的研究也处于快速发展，王英林[208]等深入研究了基于本体的可重构知识管理平台和可重构案例存储技术。北京航空航天大学李红等开发了一个基于本体的汽车故障诊断CBR系统，构建了一个基于语义 Web 的诊断案例表示及检索模型[209]。因此,本体建模和案例推理相结合,将为研究解决网上创新外包中供需双方匹配难题,增加了新的途径。

综上所述,在以往网上创新外包模式的研究中,大部分学者的研究集中在奖金定价、机制设计和参与人员行为分析等方面,而对于供需双方匹配的研究相对欠缺,尤其是缺乏网上创新外包环境下的研发人员胜任力模型的研究,缺乏研发任务需求胜任力模型的研究,更缺少网上创新外包环境下供需双方匹配的研究成果。

本书认为,网上创新外包环境下基于胜任力的供需双方匹配研究的一般方法论必须包括三个密不可分的方面:研发人员胜任力建模及其与网上人才信息的关联关系建模、研发任务的需求胜任力建模及其胜任力指标取值的智能化确定方法、供需双方匹配方法。这三个方面之间存在着渐进的逻辑关系,这三部分的关系如图 8-1 所示,按照箭头方向每一阶段成为后一阶段的基础,三个部分组成了网上创新外包环境下基于胜任力的供需双方匹配研究的一个完整方法论。

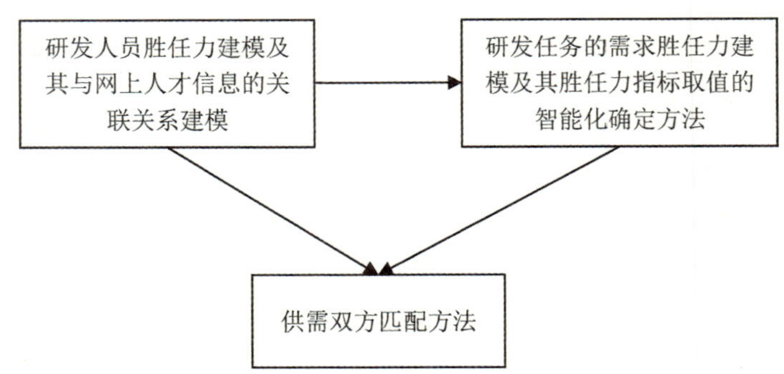

图 8.1 网上创新外包环境下基于胜任力的供需双方匹配研究方法论

第一部分的研究内容:网上创新外包环境下研发人员胜任力建模及其与网上人才信息的关联关系建模,本书已经完成该部分研究。

第二部分的研究内容:研发任务的需求胜任力建模及其胜任力指标取值的智能化确定方法,主要包含:

(1) 研发任务的需求胜任力模型构建方法。考虑到不同类型的研发任务对于供应方的胜任力特征需求不同,研究提出适合众包环境的任务特征分类方法;基于任务需求领域词典和文本聚类方法,研究建立研发任务所需胜任特征与网上任务信息关联关系模型;基于概念文本向量空间,研究实现研发任务的需求胜任力建模,从而为智能推理确定研发任务承接人员的胜任特征提供在线支持。

(2) 研发任务信息的胜任力指标取值的智能化确定方法。综合分析文本聚类概念与胜任特征的关联关系，并依据意见挖掘的方法，研究构建任务需求的胜任力词典，研究建立基于胜任力词典的研发任务所需胜任力对应概念的智能化抽取方法，通过情感分析技术，研究建立研发任务需求胜任力特征指标取值的确定方法，从而为基于胜任力的供需双方匹配提供基础数据。

第二部分的关键科学问题：研发任务的需求胜任力建模及其胜任力指标取值的智能化确定方法。考虑到研发任务需求文本特征表示的特殊性和研发任务需求文本的非结构化，同时兼顾到以胜任特征识别这一研究目标来选择文本的表示特征，研究建立能够高效抽取胜任特征概念指标的方法，研究构建研发任务的需求胜任力模型。研究建立研发任务所需胜任力指标取值的智能化确定方法。

第三部分的研究内容：基于本体的供需双方直接匹配方法和基于案例推理的供需双方间接匹配方法，主要包含：

(1) 基于本体的供需双方直接匹配研究。基于胜任力领域本体知识库，研究设计研发任务需求胜任力和研发人员胜任力之间的相似度计算方法，分别研究基于概念语法的相似度计算方法、基于概念实例的相似度计算方法、基于概念图结构的相似度计算方法以及基于描述逻辑的相似度计算方法及每种方法的适用条件，从而实现供需双方的直接匹配。

(2) 任务驱动的供需双方间接匹配研究。基于案例推理理论和方法，研究不同任务所需胜任力之间的相似度计算方法，研究建立任务驱动的供需双方间接匹配方法。

(3) 研发人员驱动的供需双方间接匹配研究。基于案例推理理论和方法，研究不同研发人员胜任力之间的相似度计算方法，研究建立研发人员驱动的供需双方匹配方法。

第三部分的关键科学问题：基于本体的供需双方直接匹配方法和基于案例推理的供需双方间接匹配方法。研究分析各种相似度计算方法的适用条件和范围，研究建立基于本体的供需双方直接匹配方法；针对当前的目标任务或目标研发人员，研究建立适用于众包环境的案例推理方法，从而确保从历史案例库中得到与当前目标（研发任务或研发人员）最相似的案例，研究建立基于案例推理的供需双方间接匹配方法。

附录一　网上创新外包研发人员胜任力研究的访谈提纲

一、简要介绍访谈目的和访谈主要内容

感谢您今天花费宝贵的时间接受我的访谈。对您的访谈是网上创新外包研发人员胜任力研究(如果需要,可以向被访谈者做进一步解释)工作的一部分。在访谈过程中,您需要回答我提出的一些问题,为了便于整理,请允许我使用录音机来记录。在这里,我向您保证,访谈内容及录音记录仅供研究之用,并将严格保密。访谈会占用您约 1 个小时,请理解和支持,谢谢!

二、了解受访者的基本信息

需要了解的基本信息包括:姓名、性别、年龄、从业时间、威客等级、业绩(中标次数、所获奖金总额)、参与的任务(也称为项目)种类和内容(设计类、开发类、文案类等),等等。

三、关键事件访谈

回忆在威客网上完成任务的过程中曾经发生的对任务产生很大影响的四件事情。

(1) 两件成功、出色的事件。您认为在这些事件发生的过程中,由于您的判断准确,技术采用合理,处理得当,克服了困难,取得了良好的效果,中标成功。

(2) 两件失败、遗憾的事件。您认为在这些事件发生的过程中,由于您的判断失误,采取的方法不得当,某些困难和障碍没有克服,要求没有达到,而使得产生的结果不尽如人意,没有中标。

访谈要求:访谈中,访谈人员应该注意与被访谈者的语言互动,在尽量不打断被访谈者讲述的前提下,询问一些探测性问题,比如您能详细谈一下您当时的感受吗? 当时事情还涉及哪些人? 您认为您做的这些事情哪些因素起了主要作用? 对事件的描述越详细越好,包括这件事是什么,发生的具体过程,以及最后的结果。重点描述事件发生时的情境、当事者的具体行为、事件参与者的参与行为等客观发生的事情。事件访谈中可以参考 STAR 工具表。

附表 1　关键事件访谈法的 STAR 工具表

任　务	任务完成过程	结　果
① 在哪个网站？什么时候的项目？ ② 如何发现的任务？金额多少？ ③ 任务具体内容？	① 当时花费多少时间？付出了多少努力？采取了哪些行动？ ② 是否需要与发布方沟通？沟通了多少次？ ③ 发生了什么事情？如何处理？当时心中的想法？	① 结果如何？是否中标？ ② 如果中标，是否需要修改？修改多少次？ ③ 什么原因导致了这个结果？ ④ 从此次事件中你的感受是怎样的，有什么体会？ ⑤ 你得到了什么样的反馈信息？对以后的任务竞赛有什么帮助？

四、您认为个人的哪些特点，对于做好任务能够起到促进作用

五、向被访谈者致谢道别

附录二　网上创新外包研发人员胜任力初始问卷

非常感谢您参与此次调查。

请您浏览以下各个描述，请根据您在威客网站上参与任务竞争的实际情况，选择符合您的选项。其中，

“完全不符合”——请选择“1”；

“比较不符合”——请选择“2”；

“不确定”(介于符合和不符合之间)——请选择“3”；

“比较符合”　——请选择“4”；

“完全符合”　——请选择“5”。

您的评价对我们的工作非常重要，希望您认真阅读所有项目，并做出您的选择。问卷不需填写姓名，没有对错之分，请根据您的实际情况作答。

作答方式：请您对于以下所有问题作答，在您认为合适的编号后画“√”(若您拿到的为电子版本，删除所选择的编号即可)。

问卷共两部分。第一部分是个人信息，第二部分是问题列表。

第一部分　问题列表

请根据自己在威客网站上参与任务竞争的实际情况，做出回答。请完成所有问题，作答时，在您认为合适的编号上画“√”(若您拿到的为电子版本，删除所选择的编号即可)。	完全不符合	比较不符合	不确定	比较符合	完全符合
① 您对自己所犯的错误非常后悔	1	2	3	4	5
② 您对事物具有较强的好奇心，希望对事物有比较深入的理解	1	2	3	4	5
③ 您知道网上的哪种任务最适合您	1	2	3	4	5
④ 网上有很多对于完成任务有用的信息	1	2	3	4	5
⑤ 您认为成败的确能论英雄	1	2	3	4	5
⑥ 乐于享受克服困难、完成任务的过程	1	2	3	4	5
⑦ 通过对任务奖金多少的分析和判断，来决定是否参与该任务的竞争	1	2	3	4	5

（续表）

请根据自己在威客网站上参与任务竞争的实际情况，做出回答。请完成所有问题，作答时，在您认为合适的编号上画“√”（若您拿到的为电子版本，删除所选择的编号即可）。	完全不符合	比较不符合	不确定	比较符合	完全符合
⑧ 您能从别人的成败中发现问题，吸取经验教训	1	2	3	4	5
⑨ 在网上碰到熟人您总是主动打招呼	1	2	3	4	5
⑩ 假设您知道这项任务必须完成，那么困难和压力并不能困扰您	1	2	3	4	5
⑪ 您清晰知道完成任务所需的技术要点	1	2	3	4	5
⑫ 主动与买家沟通，主动解决买家问题	1	2	3	4	5
⑬ 只要向买家做出了承诺，就会尽力完成	1	2	3	4	5
⑭ 能够在考验面前保持自己内心的平静	1	2	3	4	5
⑮ 你觉得中标并不是困难的事情	1	2	3	4	5
⑯ 尽量按照任务要求来完成任务	1	2	3	4	5
⑰ 您经常与买家沟通	1	2	3	4	5
⑱ 您很容易从一个行业转到另一行业	1	2	3	4	5
⑲ 经常轻松解决各种任务难题	1	2	3	4	5
⑳ 对于某领域的任务充满信心					
㉑ 您能够根据自己的能力选择参与适合自己的任务	1	2	3	4	5
㉒ 你需要花费很多时间来选择任务	1	2	3	4	5
㉓ 面对任务，积极采取行动或创造机会	1	2	3	4	5
㉔ 只要买家需要，即使有困难您也尽力去满足	1	2	3	4	5
㉕ 表扬和批评对您的情绪影响很大	1	2	3	4	5
㉖ 善于总结经验和教训	1	2	3	4	5
㉗ 将自己的投入成本（时间和精力）和任务金额相对比，来决定是否参与该任务竞争	1	2	3	4	5
㉘ 通过对任务难易程度的分析和判断，来决定是否参与该任务竞争	1	2	3	4	5
㉙ 一旦下定决心，您会坚持到底	1	2	3	4	5
㉚ 经常站在买家的角度上考虑问题	1	2	3	4	5
㉛ 能坚持很长一段时间解决难题	1	2	3	4	5

（续表）

请根据自己在威客网站上参与任务竞争的实际情况，做出回答。请完成所有问题，作答时，在您认为合适的编号上画"√"（若您拿到的为电子版本，删除所选择的编号即可）。	完全不符合	比较不符合	不确定	比较符合	完全符合
㉜ 通过对任务竞争激烈程度的分析和判断，来决定是否参与该任务竞争	1	2	3	4	5
㉝ 在与买家发生争执时能够保持冷静	1	2	3	4	5
㉞ 您经常利用搜索工具获取有用信息	1	2	3	4	5
㉟ 您对任务中提到的专业术语很熟悉	1	2	3	4	5
㊱ 主动向买家提供合理化建议和意见	1	2	3	4	5
㊲ 您总是不断提高奋斗目标	1	2	3	4	5
㊳ 不论任务结果成功与否，你都能有所收获	1	2	3	4	5
㊴ 能够熟练应用各种研发工具	1	2	3	4	5
㊵ 只要不涉及原则性问题，对于买家的行为给予理解	1	2	3	4	5
㊶ 多次修改后，坚持按照客户要求继续修改	1	2	3	4	5
㊷ 您很容易理解任务要求	1	2	3	4	5
㊸ 任务中标使您有强烈的成就感	1	2	3	4	5
㊹ 您觉得您容易信任他人也容易让他人信任	1	2	3	4	5
㊺ 您常会给网上的朋友写邮件或QQ信息表示问候	1	2	3	4	5
㊻ 即使买家的任务要求不合理，您也会尽力去满足	1	2	3	4	5
㊼ 无论任务难度如何，你总感觉轻松平静	1	2	3	4	5
㊽ 您善于获取对工作有帮助的知识和技能	1	2	3	4	5
㊾ 您能常常想出好主意	1	2	3	4	5
㊿ 诚信对于您来说极为重要	1	2	3	4	5
51 无论买家正确与否，您都耐心倾听买家的意见	1	2	3	4	5
52 您能够在各种复杂的信息中找出相关信息并进行分类和归纳	1	2	3	4	5
53 您经常尝试新方法来解决问题	1	2	3	4	5
54 积极获取和理解相关知识，不断更新自己的知识结构，提高自己的工作技能	1	2	3	4	5
55 对于完成任务很有把握	1	2	3	4	5
56 您能够清晰简洁地表达自己的观点	1	2	3	4	5
57 您喜欢别人把自己看成是个身负重任的人	1	2	3	4	5

（续表）

请根据自己在威客网站上参与任务竞争的实际情况，做出回答。请完成所有问题，作答时，在您认为合适的编号上画“√”（若您拿到的为电子版本，删除所选择的编号即可）。	完全不符合	比较不符合	不确定	比较符合	完全符合
(58) 能设身处地为买家着想、行事	1	2	3	4	5
(59) 对于买家提出的新问题，您总是迅速采取行动	1	2	3	4	5
(60) 认为网上沟通很方便	1	2	3	4	5
(61) 接受一个新任务后，您就希望把它迅速解决	1	2	3	4	5
(62) 您尊重买家自己的决定	1	2	3	4	5
(63) 只要承接了任务，就必须做好	1	2	3	4	5
(64) 创新对于任务中标与否很重要	1	2	3	4	5
(65) 您能够清晰预测任务实现效果	1	2	3	4	5
(66) 很容易激动，很难控制自己的情绪	1	2	3	4	5
(67) 您与买家的沟通总是很愉快	1	2	3	4	5
(68) 与以前的买家还有联系	1	2	3	4	5
(69) 完成任务时经常有些事情令你很烦恼	1	2	3	4	5
(70) 您有足够的技术应付网上的任务	1	2	3	4	5
(71) 幻想能促进您许多重要方案的提出	1	2	3	4	5
(72) 在网上闲逛时常与不相识的人闲谈	1	2	3	4	5
(73) 认为与买家的沟通对于完成任务很重要	1	2	3	4	5
(74) 您很容易消除人际隔阂	1	2	3	4	5

第二部分　个人信息

年龄________　　学历________

性别：① 男（　　　　）　② 女（　　　　）

行业：① 设计（　　）　② 开发（　　）　③ 文案（　　）

威客从业年限：① 小于 1 年（　　）　② 1～3 年（　　）

③ 3～5 年（　　）　④ 5 年以上（　　）

能力等级：① 猪一戒（　）　② 猪二戒（　）　③ 猪三戒（　）　④ 猪四戒（　）

⑤ 猪五戒（　）　⑥ 猪六戒（　）　⑦ 猪七戒（　）　⑧ 猪八戒（　）

问卷到此全部结束，再次感谢您的合作！

附录三　网上创新外包研发人员胜任力正式问卷

非常感谢您参与此次调查。

请您浏览以下各个描述，请根据您在威客网站上参与任务竞争的实际情况，选择符合您的选项。其中，

“完全不符合”——请选择“1”；

“比较不符合”——请选择“2”；

“不确定”（介于符合和不符合之间）——请选择“3”；

“比较符合”　——请选择“4”；

“完全符合”　——请选择“5”。

您的评价对我们的工作非常重要，希望您认真阅读所有项目，并做出您的选择。问卷不需填写姓名，没有对错之分，请根据您的实际情况作答。

作答方式：请您对于以下所有问题作答，在您认为合适的编号后画“√”（若您拿到的为电子版本，删除所选择的编号即可）。

问卷共两部分。第一部分是个人信息，第二部分是问题列表。

第一部分　问题列表

请根据自己在威客网站上参与任务竞争的实际情况，做出回答。请完成所有问题，作答时，在您认为合适的编号上画“√”（若您拿到的为电子版本，删除所选择的编号即可）。	完全不符合	比较不符合	不确定	比较符合	完全符合
① 您对自己所犯的错误非常后悔	1	2	3	4	5
② 您对事物具有较强的好奇心，希望对事物有比较深入的理解	1	2	3	4	5
③ 您知道网上的哪种任务最适合您	1	2	3	4	5
④ 网上有很多对于完成任务有用的信息	1	2	3	4	5
⑤ 您认为成败的确能论英雄	1	2	3	4	5
⑥ 乐于享受克服困难、完成任务的过程	1	2	3	4	5
⑦ 通过对任务奖金多少的分析和判断，来决定是否参与该任务的竞争	1	2	3	4	5

（续表）

请根据自己在威客网站上参与任务竞争的实际情况，做出回答。请完成所有问题，作答时，在您认为合适的编号上画"√"（若您拿到的为电子版本，删除所选择的编号即可）。	完全不符合	比较不符合	不确定	比较符合	完全符合
⑧ 您能从别人的成败中发现问题，吸取经验教训	1	2	3	4	5
⑨ 在网上碰到熟人您总是主动打招呼	1	2	3	4	5
⑩ 假设您知道这项任务必须完成，那么困难和压力并不能困扰您	1	2	3	4	5
⑪ 您清晰知道完成任务所需的技术要点	1	2	3	4	5
⑫ 主动与买家沟通，主动解决买家问题	1	2	3	4	5
⑬ 只要向买家做出了承诺，就会尽力完成	1	2	3	4	5
⑭ 能够在考验面前保持自己内心的平静	1	2	3	4	5
⑮ 你觉得中标并不是困难的事情	1	2	3	4	5
⑯ 尽量按照任务要求来完成任务	1	2	3	4	5
⑰ 您经常与买家沟通	1	2	3	4	5
⑱ 您很容易从一个行业转到另一行业	1	2	3	4	5
⑲ 经常轻松解决各种任务难题	1	2	3	4	5
⑳ 您能够根据自己的能力选择参与适合自己的任务	1	2	3	4	5
㉑ 面对任务，积极采取行动或创造机会	1	2	3	4	5
㉒ 只要买家需要，即使有困难您也尽力去满足	1	2	3	4	5
㉓ 表扬和批评对您的情绪影响很大	1	2	3	4	5
㉔ 善于总结经验和教训	1	2	3	4	5
㉕ 通过对任务难易程度的分析和判断，来决定是否参与该任务的竞争	1	2	3	4	5
㉖ 一旦下定决心，您会坚持到底	1	2	3	4	5
㉗ 经常站在买家的角度上考虑问题	1	2	3	4	5
㉘ 能坚持很长一段时间解决难题	1	2	3	4	5
㉙ 通过对任务竞争激烈程度的分析和判断，来决定是否参与该任务的竞争	1	2	3	4	5
㉚ 在与买家发生争执时能够保持冷静	1	2	3	4	5
㉛ 您经常利用搜索工具获取有用信息	1	2	3	4	5

（续表）

请根据自己在威客网站上参与任务竞争的实际情况，做出回答。请完成所有问题，作答时，在您认为合适的编号上画“√”（若您拿到的为电子版本，删除所选择的编号即可）。	完全不符合	比较不符合	不确定	比较符合	完全符合
㉜ 您对任务中提到的专业术语很熟悉	1	2	3	4	5
㉝ 主动向买家提供合理化建议和意见	1	2	3	4	5
㉞ 您总是不断提高奋斗目标	1	2	3	4	5
㉟ 不论任务结果成功与否，你都能有所收获	1	2	3	4	5
㊱ 只要不涉及原则性问题，对于买家的行为给予理解	1	2	3	4	5
㊲ 多次修改后，坚持按照客户要求继续修改	1	2	3	4	5
㊳ 您很容易理解任务要求	1	2	3	4	5
㊴ 任务中标使您有强烈的成就感	1	2	3	4	5
㊵ 您觉得您容易信任他人也容易让他人信任	1	2	3	4	5
㊶ 您常会给网上的朋友写邮件或 QQ 信息表示问候	1	2	3	4	5
㊷ 即使买家的任务要求不合理，您也会尽力去满足	1	2	3	4	5
㊸ 无论任务难度如何，你总感觉轻松平静	1	2	3	4	5
㊹ 您能常常想出好主意	1	2	3	4	5
㊺ 诚信对于您来说极为重要	1	2	3	4	5
㊻ 无论买家正确与否，您都耐心倾听买家的意见	1	2	3	4	5
㊼ 您能够在各种复杂的信息中找出相关信息并进行分类和归纳	1	2	3	4	5
㊽ 您经常尝试新方法来解决问题	1	2	3	4	5
㊾ 积极获取和理解相关知识，不断更新自己的知识结构，提高自己的工作技能	1	2	3	4	5
㊿ 对于完成任务很有把握	1	2	3	4	5
51 您能够清晰简洁地表达自己的观点	1	2	3	4	5
52 您喜欢别人把自己看成是个身负重任的人	1	2	3	4	5
53 能设身处地为买家着想、行事	1	2	3	4	5
54 认为网上沟通很方便	1	2	3	4	5
55 接受一个新任务后，您就希望把它迅速解决	1	2	3	4	5
56 您尊重买家自己的决定	1	2	3	4	5
57 只要承接了任务，就必须做好	1	2	3	4	5

（续表）

请根据自己在威客网站上参与任务竞争的实际情况，做出回答。请完成所有问题，作答时，在您认为合适的编号上画“√”（若您拿到的为电子版本，删除所选择的编号即可）。	完全不符合	比较不符合	不确定	比较符合	完全符合
(58) 创新对于任务中标与否很重要	1	2	3	4	5
(59) 您能够清晰预测任务实现的效果	1	2	3	4	5
(60) 很容易激动，很难控制自己的情绪	1	2	3	4	5
(61) 您与买家的沟通总是很愉快	1	2	3	4	5
(62) 与以前的买家还有联系	1	2	3	4	5
(63) 完成任务时经常有些事情令你很烦恼	1	2	3	4	5
(64) 您有足够的技术应付网上的任务	1	2	3	4	5
(65) 认为与买家的沟通对于完成任务很重要	1	2	3	4	5
(66) 您很容易消除人际隔阂	1	2	3	4	5

第二部分　个人信息

年龄________　　学历________

性别：① 男（　　　　）　　② 女（　　　　）

行业：① 设计（　　）　　② 开发（　　）　　③ 文案（　　）

威客从业年限：① 小于 1 年（　　）　　② 1～3 年（　　）

③ 3～5 年（　　）　　④ 5 年以上（　　）

能力等级：① 猪一戒（　）　② 猪二戒（　）　③ 猪三戒（　）　④ 猪四戒（　）

⑤ 猪五戒（　）　⑥ 猪六戒（　）　⑦ 猪七戒（　）　⑧ 猪八戒（　）

问卷到此全部结束，再次感谢您的合作！

附录四　网上创新外包绩效问卷

非常感谢您参与此次调查。

请您浏览以下各个描述，请根据您在威客网站上参与任务竞争的实际情况，选择符合您的选项。其中，

"完全不符合"——请选择"1"；

"比较不符合"——请选择"2"；

"不确定"(介于符合和不符合之间)——请选择"3"；

"比较符合"　——请选择"4"；

"完全符合"　——请选择"5"。

您的评价对我们的工作非常重要，希望您认真阅读所有项目，并做出您的选择。问卷不需填写姓名，没有对错之分，请根据您的实际情况作答。

作答方式：请您对于以下所有问题作答，在您认为合适的编号后画"√"(若您拿到的为电子版本，删除所选择的编号即可)。

请根据自己在威客网站上参与任务竞争的实际情况，做出回答。请完成所有问题，作答时，在您认为合适的编号上画"√"(若您拿到的为电子版本，删除所选择的编号即可)。	完全不符合	比较不符合	不确定	比较符合	完全符合
① 您总是能够按时完成任务	1	2	3	4	5
② 买家对于您的工作质量表示满意	1	2	3	4	5
③ 您能够顺利完成任务	1	2	3	4	5
④ 即使遇到难题，您也能完成任务	1	2	3	4	5
⑤ 买家对您工作速度表示满意	1	2	3	4	5
⑥ 您与很多买家成为朋友	1	2	3	4	5
⑦ 买家对于您的服务态度表示满意	1	2	3	4	5
⑧ 合作过的买家都表示愿意与您长期合作	1	2	3	4	5
⑨ 经常有合作过的买家请您参与任务	1	2	3	4	5

参考文献

[1] 卿菁. 网商胜任力模型的构建与测评研究[D].武汉:武汉理工大学, 2010.

[2] 宋刚,张楠.创新 2.0:知识社会环境下的创新民主化[J].中国软科学,2009(10):60-66.

[3] 熊彼特.增长财富论——创新发展理论[M].李默,译.西安:陕西师范大学出版社, 2007.

[4] 丁冰.现代西方经济学说[M].北京:中国经济出版社,1995.

[5] 丁宁,罗帅.基于知识溢出的集群企业创新研究[J].辽宁经济,2008(6):18.

[6] Chesbrough, H. W. Open Innovation: The New Imperative for Creating and Profiting from Technology [M]. Boston. Harvard Business School Press, 2003.

[7] Rigby, D. & Zook, C. Openmarket innovation [J]. Harvard Business Review, 2002(10): 80-89.

[8] Miotti, L. & Sachwald, F. Cooperative R&D: why and with whom? an integrated framework of analysis [J]. Research Policy, 2003 (32): 1481-1499.

[9] Gerybadze, A. Knowledge management, cognitive coherence and equivocality in distributed innovation processes [J]. Management International Review, 2004(44): 103-128.

[10] Lichtenthaler, U. & Ernst, H. Opening up the innovation process: the role of technology aggressiveness[J]. R&D Management, 2009, 39(1):38-54.

[11] 范海洲.熵、耗散结构理论与企业开放式创新[J].江苏商论,2009(4):119-120.

[12] Henry W,chesbrough. Why Companies Should Have Open Business Model [J]. MIT Sloan Management Review, 2007, 48(2): 22-28.

[13] Thomke S, Hippel E. 让客户帮你创新[J]. 哈佛商业评论, 2003(1):38-42.

[14] Han van der Meer. Open innovationthe Dutch treat: challenges in thinking

in business models[J]. Creativity & Innovation Management，2007，16(2)：192－202.

[15] Chesbrough，H. W. Open Innovation：How Companies Actually Do It?[J]. Harvard Business Review，2003，81(7)：12－14.

[16] Fitzgerald，M. At risk offshore，US companies outsourcing their software development offshore can get stung by industrial espionage and poor intellectual property safeguards[J].CIO，2003，17(4)：12－13.

[17] Cieri R M. Licensing intellectual property and technology from the financiallytroubled or startup company[J]. The Business Lawyer，2000，55(4)：16－49.

[18] 杨武. 基于开放式创新的知识产权管理理论研究[J]. 科学学研究，2006(2)：311－314.

[19] 唐方成，仝允桓. 经济全球化背景下的开放式创新与企业的知识产权保护[J]. 中国软科学，2007(6)：58－62.

[20] 胡承浩，金明浩. 论开放式创新模式下的企业知识产权战略[J].科技与法律，2008(2)：49－53.

[21] 韩霞，白雪.基于开放式创新战略的企业研发模式分析[J].中国科技论坛，2009(1)：64－67.

[22] 张震宇，陈劲.基于开放式创新模式的企业创新资源构成、特征及其管理[J]. 科学学与科学技术管理，2008(11)：61－65.

[23] 陈劲，陈钰芬. 开放创新体系与企业技术创新资源配置[J]. 科研管理，2006，27(3)：1－8.

[24] 王圆圆. 企业创新：从封闭到开放[J]. 管理学家，2008(2)：48－52.

[25] Archak N，Sundararajan A. Optimal design of crowdsourcingcontests[C]. Proceeding of thirtieth International Conference on Information Systems. Phoenix：2009.

[26] Terwiesch C，Xu Y. Innovation contests，open innovation，and multiagent problem solving[J]. Management Science，2008，54(9)：1529－1543.

[27] Fullerton R L，Linster B G，et al. Using auctions to reward tournament winners：Theory and experimental investigations[J]. The RAND Journal of economics，2002，33(1)：62－84.

[28] Terwiesch C, Ulrich K T. Innovation tournaments [M]. Boston: Harvard Business School Press, 2009.

[29] Amabile T M, Conti R, Coon H, et al. Assessing the work environment for creativity[J]. Academy of Management Review, 1996, 39(5): 1154-1184.

[30] Isen A M, Daubman K A, et al. Positive affect facilitates creative problem solving[J]. Journal of Personality and Social Psychology, 1987, 52(6): 1122-1131.

[31] 郑海超.网上创新竞争中发布者欺诈行为的防范机制研究[C].第五届(2010)中国管理学年会.

[32] 郑海超,侯文华.网上创新竞争中解答者对发布者的信任问题研究[J].管理学报,2011,8(2):233-240.

[33] DiPalantino D, Vojnovic M. Crowdsourcing and all-pay auctions[J]. Proceeding of EC 09, California, 2009(7): 6-10.

[34] Taylor C R.Digging for golden carrots: An analysis of research tournaments[J]. American Economic Review, 1995, 85(4): 872-890.

[35] Che Y K, Gale I. Optimal design of research contests [J]. American Economic Review, 2003(93): 646-671.

[36] Morgan J, Wang R.Tournaments for ideas[J]. California Management Review, 2010, 52(2): 77-97.

[37] Fullerton L F, McAfee R P.Auctioning entry into tournaments[J]. Journal of Political Economy, 1999, 107(3): 573-605.

[38] Leimeister J M, Huber M, et al. Leveraging crowd sourcing Theory driven design, implementation and evaluation of activation supporting components for IT-based idea competitions [J]. Journal of Management Information Systems, 2009, 26(1): 197-224.

[39] Brabham D C. Moving the crowd at threadless: Motivations for participation in a crowdsourcing application. Proceeding of AEJMC conference [C]. Boston: Forthcoming in Information,Communication Society, 2009.

[40] Ebner W, Leimeister J M, et al.Community engineering for innovations: The ideas competition as a method to nurture a virtual community for

innovations[J]. R & D Management, 2009, 39(4): 342 - 356.

[41] Lakhani K R, Jeppesen L B, Lohse P A, et al.The value of openness in scientific problem solving[R]. Boston: Harvard Business School Working Paper, 2007.

[42] Jiang Y, Adamic L A, et al. Crowdsourcing and knowledge sharing: Strategic user behavior on Taskcn[J]. Proc.of ACM EC 08.Chicago, 2008a: 246 - 255.

[43] Hautz J, Hutter K, Fuller J, et al.How to establish an online innovation community? The role of users and their innovative content[C]. Proceedings of the 43rd Hawaii International Conference on System Sciences 2010. Kauai, Hawai:2010.

[44] 陈远红.影响威客模式下创意产品交易的信任因素分析[J].商业现代化,2009(33):2 - 3.

[45] 李燕.威客在线工作平台满意度实证研究[J].电子商务,2009(3): 68 - 71.

[46] Archak N.Money, glory and cheap talk: Analyzing strategic behavior of contestants in simultaneous crowdsourcing contests on topcoder.com[C]. Proceedings of conference of WWW 2010.Raleigh, North Carolina: 2010.

[47] Blohm I, Bretschneider U, et al.Does collaboration among participants lead to better ideas in IT-based idea com petitions? An empirical investigation[C]. Proceedings of 43rd Hawaii International Conference on System Science (HICSS 43).Kauai, Hawai: 2010.

[48] Piller F T, Walcher D.Toolkits for idea competitions: A novel method to integrate users in new product development[J]. R & D Management, 2006, 36(3): 307 - 318.

[49] McClelland, D.Testing for Competence Rather Than for Intelligence[J]. American Psychologist, 1973. 28(1):1 - 24.

[50] 李扬. 知识型员工胜任力提升的职业发展要求[D].武汉:武汉理工大学,2005.

[51] Boyatzis R E.The Competent Manager: A Model for EffeCtive Performance [M]. John Wiley & Sons, 1982.

[52] Spencer L M. Competency at Work:Models for Superior Performance[M].

NewYork：John Wiely & Sons，1993.

[53] McLagan P A. Competency Model. Training & Development Journal，1980，34(12)：22－26.

[54] Fletcher S. NVQs，Standards and Competence：A Practical Guide for Employers，managers and Trainers[M]. Kogan Page，1991.

[55] Sandberg J. Understanding Human Competence at Work：An Interpretative Approach[J]. Academy of Management Journal，2000，43(1)：9－17.

[56] Ledford G E.Paying for the skill，knowledge，and competencies of knowledge workers[J]. Compensation and Benefits Review，1995. 27(4)：55－62.

[57] Byham W C，Moyer R P. Using Competencies to Build A Successful Organization[J]. Development Dimensions International，1996，54(1)：61－80.

[58] 徐峰.基于胜任力模型的高校教师信息化管理研究[D].南京：南京师范大学，2008.

[59] 冯明.对工作情景中人的胜任力研究[J].外国经济与管理，2001(23)：22－26.

[60] 李明斐，卢小君.胜任力与胜任力模型构建方法研究[J]. 大连理工大学学报(社会科学版)，2004. 25(1)：28－32.

[61] 黄春新，何志聪.胜任力模型如何适用于高科技企业研发团队的管理[J].管理方略，2004(8)：58－67.

[62] McClelland L. Testing for competence rather than for intelligence[J]. American Psychologist，1973(28)：1－14.

[63] Hay J.Managerial competences or mangagerial characteristics[J]. Management Education and Development，1990(21)：305－315.

[64] 潘文. 胜任力研究的回顾与展望[J].社会科学家，2005(5)：602－603.

[65] Spencer L M，McClelland D C，Spencer S. Competency assessment methods：History and state of the art[M]. Boston：Hay-McBer Research Press，1994.

[66] Cristina M B，Stewart L T. Identify ing G obal Leadership Competencies：An Exploratory Study [J]. Journal of American Academy of Business，Cambridge. Hollywood，2004，5(1)：80－87.

[67] Mike Morrison. HBR Case Study ：The Very Model of a Modern Senior Manager[J]. Harvard Business Review，2007，85(1)：27－33.

[68] 王重鸣.陈民科.管理胜任力特征分析:结构方程模型检验[J].心理科学,2002(5):513-516.

[69] 时勘,王继承.企业高层管理者胜任特征模型评价的研究[J].心理学报,2002,34(3):306-311.

[70] 魏钧,张德.国内商业银行客户经理胜任力模型研究[J].南开管理评论,2005.8(6):4-8.

[71] 刘学方,王重鸣,唐宁玉,等.家族企业接班人胜任力建模——实证研究[J].管理世界,2006(5):96-106.

[72] 赵曙明,杜娟.企业经营者胜任力及测评理论研究[J].外国经济与管理,2007(1):33-40.

[73] 刘嫦娥.基于胜任特征模型的人力资源管理新视角[J].湖南商学院学报,2007,14(3):30-33.

[74] 冯明.胜任力模型构建方法综述[J].科技管理研究,2007(9):229-233.

[75] 徐建平.中小学教师胜任力模型:一项行为事件访谈研究[J].教育研究,2006,1(312):57-61.

[76] 风笑天.现代社会调查方法[M].武汉:华中科技大学出版社,2004.

[77] MeCoy H, Cheryl C. Multicultural counseling competencies: An exploratory factor analysis[J]. Journal of Multicultural Counseling & Development, 2000,28(2): 83-97.

[78] 马欣川.人才测评——基于胜任力的探索[M].北京:北京邮电大学出版社,2008: 93-100.

[79] Tett R P, Guterman H A. Development and content validation of a "Hyperdimensional" taxonomy of managerial competency[J]. Human Performance, 2000, 13(3): 205-251.

[80] 关丹丹.信度的再认识与信度概括化研究[J].心理科学,2004,27(2):445-448.

[81] 吴明隆.结构方程模型——AMOS的操作与应用[M].重庆:重庆大学出版社,2009.

[82] 澹新民,熊烨.员工招聘方略[M].广州:广东经济出版社,2002.

[83] Benson J, Hagtvet K. The interplay among design, data analysis and theory in the measurement of coping[M]. In M. Zeidner & N. Endler

(Eds.), Handbook of coping. NewYork:John Wiley&Sons.,1996.

[84] 凌文栓,方俐洛.心理与行为测量[M].北京:机械工业出版社,2003.

[85] 赵曙明.人力资源管理研究新进展[M].南京:南京大学出版社,2002:288-303.

[86] 姜勇.验证性因子分析及其在心理与教育研究中的应用[J].教育科学研究,1999(3):88-91.

[87] Anderson J C, Gerbing D W. Structural equation modelling in practice: a review and recommended two-step approach[J]. Psychological Bulletin, 1988, 103(3): 411-423.

[88] Bollen K A, Lennox R. Conventional wisdom on measurement: A structural equation Perspcetive[J]. Psychological Bulletin, 1991(110): 305-314.

[89] 江哲光,侯杰泰.应用结构方程模式之问题和谬误[J].教育学报,1997(25):45-61.

[90] Marsh H W, Hau K T, Is more ever too mueh: The number of indictors Per factor in confirmatory factor analysis[J]. Multivariate Behavioral Researeh, 1998, 33(2): 181-220.

[91] Rogers E. Diffusion of Innovation (4th ed.)[M]. New York: Fress Press, 1995.

[92] Castells M. The Rise of the Network Society[M]. Cambridge, MA: Blackwell, 1996.

[93] 宋刚,唐蔷,陈锐,等. 复杂性科学视野下的科技创新[M]. 科学对社会的影响,2008(2):28-33.

[94] 王重托. 无处不在的网络社会中的知识网络[J]. 信息系统学报,2007(1):1-7.

[95] Song G, Cornford T. Mobile Government: Towards a Service Paradigm [C]. in Proceedings of the 2nd International Conference on e-Government, University of Pittsburgh, USA. 2006: 208-218.

[96] Song G, Zhang N. and Meng Q. Innovation 2.0 as a Paradigm Shift: Comparative Analysis of Three Innovation Modes[C]. IEEE International Conference on Management and Service Sciences, Beijing, China. 2009.

[97] Hippel E. Democratizing Innovation [M]. Cambridge, MA: MIT

Press，2005.

[98] 徐芳.研发团队胜任力模型的构建及其对团队绩效的影响[J].商场现代化，2003(2):43-46.

[99] 曹茂兴,王端旭.企业研发人员胜任特征研究[J].技术经济与管理研究,2006(2):38-40.

[100] 于建军.以胜任力模型完善研发技术人员的绩效评价系统[J].煤炭经济研究,2005(12):65-67.

[101] Wu, Wei-Wen. Exploring core competencies for R & D technical professionals[J]. Expert Systems with Applications.2009(7):75-79.

[102] 蒋敏.航天系统科研人员胜任力模型探讨[D].北京:首都经济贸易大学,2004.

[103] 赖伟雄.基于胜任力的服务质量研究:人与组织匹配的服务管理策略[D].杭州:浙江大学,2005.

[104] 林江珠.酒店服务人员胜任力特征的调查研究[J].厦门理工学院学报,2009(2):92-96.

[105] 潘明华.着力提升个人竞争力[J].人才瞭望,2001(12):41-42.

[106] 王玉敏.刍议大学生个人核心竞争力的培育与提升[J].现代教育科学:高教研究,2003(2):110-112.

[107] 张小刚.论大学生的核心竞争力[J].湘潭师范学院学报(社会科学版),2005,27(3):137-138.

[108] 于爱云.基于人力资本理论的个人核心竞争力提升问题研究[D].天津:天津财经大学,2008.

[109] 吴明隆.统计应用实物——问卷分析与应用统计[M].北京:科学出版社,2003.

[110] 肖华勇.统计计算与软件应用[M].西安:西北工业大学出版社. 2008:114-115.

[111] 侯杰泰,成子娟.结构方程模型的应用及分析策略[J].心理学探析,1999,69(1):54-59.

[112] 徐慧玲，国际工程总承包项目经理胜任力研究[D]. 北京：中国矿业大学，2010.

[113] 邱皓政.量化研究与统计分析[M].重庆:重庆大学出版社,2009.

[114] 王璐.SPSS 统计分析基础、应用与实践[M].北京:化学工业出版社,2009.

[115] Nunnaly J C.Psychometric theory[M]. New York: McGraw-Hill,1978.

[116] Leong T L F,Austin J T.心理学研究手册[M].周晓林,译.北京:中国轻工业出版社,2004.

[117] Compbell D T, Fiske D W. Convergent and discriminant validation by the multitrait-multimethod matrix [J]. Psychological bulletin, 1959 (56): 81 - 105.

[118] 荆琪.通信系统公司研发组长胜任力模型初探[D].成都:西南财经大学,2008.

[119] 吴海燕.我国企业研发人员创新能力开发模式探析[J].科技管理研究,2010,(3):17 - 19.

[120] 李旭升.基于胜任力的知识型员工薪酬激励研究[D].武汉:武汉理工大学,2010.

[121] 张振.知识型企业人力资源价值评价体系研究[J].科技进步与对策,2010,27(8):141 - 144.

[122] 张旭娟.软件外包企业研发人员胜任力与外包绩效关系的实证研究[D].西安:西安电子科技大学,2011.

[123] 杭晨捷.研发机构中知识型员工的胜任力研究[D].上海:华东理工大学,2010.

[124] 刘密,龙立荣,祖伟.主动性人格的研究现状与展望[J].心理科学进展,2007,15(2):333 - 337.

[125] 付华,关培兰.人力资源管理视角的情绪工作研究综述[J].管理学报,2008,5(6):928 - 933.

[126] 于丹.高技术企业研发人员胜任力与工作绩效的关系研究[D].长春:东北师范大学,2009.

[127] 曾方芳.胜任力导向下的企业研发团队管理研究[D].兰州:兰州大学,2007.

[128] 薛彦利.我国 IT 企业研发人员胜任力测量研究[D].沈阳:东北大学,2008.

[129] 潘文安.IT 业项目经理人胜任力模型研究[J].科技进步与对策,2005(2):152 - 154.

[130] 赵西萍,周密,李剑,等.软件工程师潜在胜任力特征实证研究[J].科研管理,2007,28(5):110 - 113.

[131] 谢屿.关于 E 公司研发人员胜任力测评体系的构建研究[D].北京:北京交通

大学,2010.

[132] 李天太.基于诚信声誉价值观的公务员胜任力模型构建与评价——来自山西省阳泉市的实证研究[J].生产力研究,2008(20):118-120.

[133] 王丹,傅维利.诚信测量研究的若干问题[J].教育评论,2009,(5):9-12.

[134] 周二华,郝翔.基于胜任力的薪酬模式在中小知识型企业中的应用[J].科技进步与对策,2005(9):65-67.

[135] 余绚波.企业技术创新团队胜任力研究[D].南昌:江西师范大学,2009.

[136] 杨丰瑞.高科技企业研发人员胜任力模型的构建及其在招聘中的应用[J].公共行政与人力资源,2008(2):12-16.

[137] 张凤霞.徐工研究院研发人员胜任力模型研究[D].长春:吉林大学,2010.

[138] 陈云川,雷轶.胜任力研究与应用综述及发展趋向[J].科研管理,2004,25(6):141-144.

[139] 林日团.管理人员胜任力研究述评[J].华南师范大学学报(社会科学版),2007(1):131-135.

[140] 刘爱君.基于胜任力的研发人员管理模式研究[D].武汉:武汉理工大学,2006.

[141] Yang B. Factor analysis. In R.A. Swanson&E.F. Holton(eds.). Research in organizations:foundations and methods of inquiry[M]. San Francisco, Berrett-Koehler publishers,2005:181-199.

[142] Church A T,Burke P J. Exploratory and confirmatory tests of the Big Five and Tellegen's, three and four-dimensional models[J]. Journal of Personality and Social Psychology, 1994(66):93-114.

[143] 侯杰泰,温忠麟.结构方程模型及其应用[M].北京:教育科学出版社,2004.

[144] 荣泰生.AMOS与研究方法[M].重庆:重庆大学出版社,2009.

[145] Byrne B M Byrne. Structural Equation Modeling with AMOS: Basic Concepts, Applications and Programming[M]. Routledge Taylor & Francis Group,2013.

[146] 李建宁.结构横模型导论[M].合肥:安徽大学出版社,2004.

[147] Browne M W, Cudeck R. Alternative ways of assessing model fit in: Bollen K A. Long J S.Testing structural equations models[M]. Newbury Park, CA: Sage,1993: 136-162.

[148] MacCallum R C,Browne M,Sugawara H.Power analysis and determination of

sample size for covariance structure modeling[J]. Psychological methods, 1996(1):130-149.

[149] Bentler P M. Comparative fit indices in structural models [J]. Psychological Bulletin, 1990(107):238-246.

[150] Hu L, Bentler P M. Evaluating model fit. In: Hoyle R H ed. Structural equation modeling concepts, issues, and applications [M]. Thousand oaks, CA: Sage, 1995: 76-99.

[151] Berdardin H J, Beatty R W. Performance appraisal, assessing human behavior at work[M]. Boston: Kent Publish, 1984.

[152] Campbell J P, McCloy R A, Oppler S H, Sager C E. A Theory of Performance. in Schmit N, Borman W C. Personnel Selection in Organizations[M]. San Francisco: Jossey-Bass, 1993.

[153] Murphy K R, Cleveland J. Performance appraisal: An organizational perspective[M]. Charlotte: Baker&Taylor Books, 1991.

[154] Campbell J P, McCloy R A, Oppler S H, etal. A Theory of performance [J]. Personnel Selection in rganizations, San Francisco: Jossey-Bass, 1993.

[155] Murphy K R, Cleveland J. Performance appraisal: An organizational perspective[M]. Charlotte: Baker& Taylor Books, 1991.

[156] Binning J F, Barren G V. Validity of personnel decisions: A conceptual analysis of the inferential and evidential bases[J]. Journal of Applied Psychology, 1989, 74(3):478-494.

[157] Armstrong M, Baron A. Performance Management [J]. London: The Cromwell Press, 1998.

[158] Binnjing J F, Barren G V. Validity or personnel decisions: A conceptual analysis of the inferential and evidential bases[J]. Journal of APPlied psycholog, 1989, 74(3):478-494.

[159] Armstrong M, Baron A. Performance Management[J]. London: The Cromwell Press, 1998.

[160] 李永壮.基于个体的绩效管理体系研究[D].天津:天津大学,2006.

[161] Katz D, Kahn R L. The Social Psychology of orgnization[M]. New York: John Wiley Publishers, 1978.

[162] Campell J P. Modeling job performance in a population of jobs[J]. Personnel Psycholog,1990,43(2):313 - 333.

[163] Borman W C, Motowidlo S J. ExPanding the Criterion Domain to Include ELements of Contextual Performance [J]. Personnel Selection in organizations,San Francisco, Jossey-Bass,1993.

[164] Van Scotter J R, Motowidlo S J. Interpersonal Facilitation and Job Dedication as Sepearate Facets of Contextual Peformance[J]. Jounal of APPlied Psychology,1996,81(5):525 - 531.

[165] Conway J M. Additional Construct Validity Evidence for the Task/Contextual performance Distinction[J]. Human Performance,1996,9(4):309 - 329.

[166] McLagan P A. Competency Model[J]. Training & Development Journal, 1980,34(12):22 - 26.

[167] Hollenbeck G P, McCall M W, Silzer R F. Leadership competency models[J]. Leadership Quarterly, 2006,17(4):398 - 413.

[168] Borman W C,Hanson M A, Hedge J W. Personnel Selection[J]. Annual Review of psychology, 1997, 48(1):299 - 337.

[169] Day D V, Silverman S B. Personality and job performance: Evidence of ineremental validity[J]. Personnel Psychology,1989,42(1):25 - 36.

[170] ArVey R D,Renz G L, Watson T W. Emotionality and job Performance: ImPlications for Personnel selection [J]. Researeh in Personnel and Human Resources Management,1998(16):103 - 147.

[171] Liu Y, Perrewe P L, Hochwarter W A, Kacmar C J. Dispositional antecedents and consequences of emotional labor at work[J]. The Journal of Leadership and Organizational Studies,2004,10(4):12 - 25.

[172] 金杨华,陈卫旗,王重鸣.管理胜任特征与工作绩效关系研究[J].心理科学,2004,27(6):1349 - 1351.

[173] 吴湘萍,徐福缘,周勇.高校教师工作绩效的影响因素分析[J].华东师范大学学报(教育科学版),2006(1):30 - 37.

[174] Hollenbeck J R,Brief A P.The effects of individual differences and goal origin on goal setting and performance[J]. Organizational Behavior and

Human Decision Processes.1987,40(3):392－414.

[175] Mannheim B,Baruch Y,Tal J.Alternative Models for Antecedents and Outcomes of Work Centrality and Job Satisfaction of High-Tech Personnel[J]. Human Relations December,1997,50(12):1537－1562.

[176] Stroh L K,Gregersen H B,Black J S.Closing the gap:Expectations versus reality among repatriates[J]. Journal of World Business,1998,33(2):111－124.

[177] 邓聚龙. 灰理论基础[M]. 武汉：华中科技大学出版社，2006.

[178] 任帅，慕德俊，朱灵波. 一种基于灰色层次分析法的信息安全评估模型[J]. 计算机应用，2006，26(9)：2111－2113.

[179] 孟卫东，陈龙，双海军. 基于灰色评价方法的企业人力资本投资风险研究[J]. 科技管理研究，2008(7)：142－146.

[180] 马丽娜，李建华. 科技项目评估中的层次灰色评价模型应用研究[J]. 科技管理研究，2008(5)：277－279.

[181] 蒋太才. 企业人力资源引进投资可行性的多层次灰色评价[J]. 数学的实践与认识，2008，38(8)：25－31.

[182] 张成考，聂茂林，吴价宝. 基于改进型灰色评价的虚拟企业合作伙伴选择[J]. 系统工程理论与实践，2007(11)：54－61.

[183] Saip H B，Lucchesi C. Matching algorithms for bipartite graph[M]. Technical ReportDCC-03/93. Depto. de Ciência da Computção，Universidade Estudal de Campinas. Brazil，1993.

[184] Hillier F S. Introduction to operations research[M]. Tata McGraw-Hill Education，2012.

[185] Becerra-Fernandez I. The role of artificial intelligence technologies in the implementation of people-finder knowledge management systems[J]. Knowledge-Based Systems，2000，13(5)：315－320.

[186] Garro A，Palopoli L. An xml multi-agent system for e-learning and skill management[C]. Net. ObjectDays：International Conference on Object-Oriented and Internet-Based Technologies，Concepts，and Applications for a Networked World. Springer Berlin Heidelberg，2002：283－294.

[187] Sugawara K. Agent-based application for supporting job matchmaking for

teleworkers[C]. Proceedings of the 2nd IEEE International Conference on Cognitive Informatics. IEEE Computer Society, 2003: 137.

[188] Colucci, S., Di Noia, T., Di Sciascio, E., Donini, F., and Mongiello, M. Concept Abduction and Contraction for Semantic-based Discovery of Matches and Negotiation Spaces in an E-Marketplace [J]. Electronic Commerce,2005,4(4):345 - 361.

[189] Colucci, S., Di Noia, T., Di Sciascio, E., Donini, F., and Ragone,A. Automated task-oriented team composition using description logics[C]. In 5th International Conference on Knowledge Management I-Know 2005: 229 - 236.

[190] Colucci, S., Di Noia, T., Di Sciascio, E., Donini, F., and Ragone,A. Semantic-based utomated composition of distributed learning objects for personalized e-learning[C]. Lecture Notes in Computer Science, 2005, 3532:633 - 648.

[191] Colucci, S., Di Noia, T., Di Sciascio, E., Donini, F., and Ragone, A. Integrated semantic-based composition of skills and learning needs in knowledge-intensive organizations [C]. In Competencies in Organizational ELearning:Concepts and Tools, 2007:270 - 298.

[192] Colucci, S., Di Noia, T., Pinto, A., Ragone, A., Ruta, M., and Tinelli, E. A non-monotonic approach to semantic matchmaking and request refinement in e-marketplaces [J]. International Journal of Electronic Commerce, 2007,12(2):127 - 154.

[193] Hefke, M. and Stojanovic, L. An ontology-based approach for competence bundling and composition of ad-hoc teams in an organization [J]. J.UCS, In Proc. I-KNOW 2004:126 - 134.

[194] StuderR, BenjaminsV R, FenselD. Knowledge Engineering: Principles and Methods [J]. Data and Knowledge Engineering, 1998, 25 (1-2): 161 - 197.

[195] OLeary, D. Enterprise knowledge management [J]. IEEE Computer, 1998,31 (3) :54 - 61.

[196] OLeary, D. Using AI in knowledge management: Knowledge bases and

ontologies[J]. IEEE Intelligent Systems, 1998,13(3):34 - 39.

[197] Lau, T. and Sure, Y. Introducing ontology-based skills management at a large insurance company[C]. ACM SIGMOD Record, 2002, 31(4): 18 - 23.

[198] Holsapple, C. W. and Joshi, K. D. A formal knowledge management ontology: Conduct, activities, resources, and influences[J]. J. Am. Soc. Inf. Sci. Technol.,2004, 55(7):593 - 612.

[199] Colucci, S., Di Noia, T., Di Sciascio, E., Donini, F., Mongiello, M., and Piscitelli, G. Semantic-based approach to task assignment of individual profiles[J]. Journal of Universal Computer Science, 2004,10(6):723 - 730.

[200] Aamodt. Explanation-driven case-based reasoning[C]. In Topics in case-based reasoning. Springer Verlag,1994:274 - 288.

[201] Aamodt, P. Skalle. Representing temporal knowledge for case-based prediction[C]. Lecture Notes in Artificial Intelligence. Springer Verlag, 2002:174 - 188.

[202] Aamodt. Knowledge-based decision support in oil well drilling[C]. Combining general and case-specific knowledge for problem solving. Proceedings of ICIIP -2004 International Conference on Intelligent Information Processing, Beijing, October, Springer Verlag, 2004: 443 - 455.

[203] S.L.Wang,S.H.Hsu1. A Web-based CBR knowledge management system for PC troubleshooting, The International Journal of Advanced Manufacturing Technology[J]. The International Journal of Advanced Manufacturing Technology, 2004,23(7):532 - 540.

[204] S. Kang, S. Lau. Intelligent Knowledge Acquisition using Case-Based Reasoning[C]. In the 13th Australasian Conference on Information Systems,Victory University, Melbourne, Australia 2002:403 - 410.

[205] S.Kang, S.Lau. An Ontological Approach in Knowledge Management Systems: A Case Study[C]. In the Proceedings of The 14th International Conference of the Decision Sciences Institute,Shanghai China,2003:4 - 8.

[206] S.Kang, S.Lau. A Framework for Case-based Reasoning Integration on Knowledge Management Systems[C]. In the Proceedings of The 7th Pacific Asia Conference on Information Systems 2003,South Australia at Hilton International Hotel, Australia2003, 2003:1327 - 1343.

[207] S.Kang, S.Lau. A web-based student enquiry system: the application of ontology and cased-based reasoning[C]. In the 4th International Web Conference, Hotel Rendezvous, Scarborough, Perth, Australia, 2003: 24 - 25.

[208] 王英林,王卫东,王宗江. 基于本体的可重构知识管理平台[J]. 计算机集成制造系统, 2003,9(12):1136 - 1144.

[209] 李红,任成梅. 基于语义 Web 的诊断案例表示及检索模型研究[C]. 信息系统协会中国分会第一届学术年会(CNAIS2005), 北京:北京航空航天大学,2005.

索 引

Z

后　记

随着本书的完成，博士生涯依然历历在目，有获取知识的喜悦，有取得进步的成就，也有遭遇困难的辛酸和抱怨。时至今日，这一切都是值得我终生珍藏的宝贵回忆。

本书的完成首先感谢我的导师邹平教授的悉心指导。从最初的选题、资料的收集、撰写初稿，期间经历了数次的修改和完善，到最后论文的完成，都倾注了邹平老师大量的精力。邹平老师细心的指导和关键时候的点拨，总能让我茅塞顿开。在此，我对邹平老师深厚的学识、宽广的胸怀表示由衷的敬意，对邹平老师的悉心指点表示深深感谢。

感谢上海交通大学张朋柱教授在博士阶段的指导、鼓励和支持。张老师以其渊博的知识、开创性的思维方式、严谨求实的科研态度、正直朴实的人品和坚韧不拔的毅力给我以巨大的影响，激励我在学术研究中不断探索，努力进步。

感谢昆明理工大学经济与管理学院的全体老师。在昆工多年的学习是我人生中最重要的一个阶段。在这些年里，各位老师不仅教给我完整的知识体系，也提供给我丰富的实践机会。在此，我向所有关心帮助我成长的老师致以深深的谢意。

感谢同门师兄弟和同学：张海亮博士、李嘉博士、齐峰老师、孙剑斌老师、葛如一博士、孙景乐博士、张兴学博士、刘璇博士、范静博士、原海英博士、贾兆庆博士、姜黎辉博士、于东平、辛成勋、宋媚、吕英杰、郭文波、曹晓波、蒋臻、薛娇、马天翼、邓莎莎、张晓燕、李明寿、邓久帅、徐红胜、张晨。

最后，要深深感谢我的家人，正因为有他们的鼓励帮助和深切的期盼，我才得以顺利地完成学业，感谢他们对我的理解和付出，家人是我持之以恒努力奋斗的坚强动力。